not only passion

素女九法

dala sex 017

殷登國◆著

not only passion
大辣

素女九法

dala sex 017

作者：殷登國
責任編輯：呂靜芬、郭上嘉
校對：黃健和
企宣：洪雅雯
美術設計：楊啓巽工作室
法律顧問：全理法律事務所董安丹律師
出版：大辣出版股份有限公司
台北市105南京東路四段25號11F
www.dalapub.com
Tel：（02）2718-2698 Fax（02）2514-8670
service@dalapub.com
發行：大塊文化出版股份有限公司
台北市105南京東路四段25號11F
www.locuspublishing.com
Tel：（02）8712-3898 Fax（02）8712-3897
讀者服務專線：0800-006689
郵撥帳號：18955675
戶名：大塊文化出版股份有限公司
locus@locuspublishing.com
台灣地區總經銷：大和書報圖書股份有限公司
地址：242台北縣新莊市五工五路2號
Tel：（02）8990-2588 Fax（02）2990-1658
製版：瑞豐製版印刷股份有限公司
初版一刷：2007年8月
定價：新台幣580元

Printed in Taiwan
ISBN：978-986-83558-0-4

—前言—　文—殷登國

重現中國性愛經典《素女經》風采

在加拿大住了十年，偶爾仍會不改舊習地逛書店，有一件事情引起我的迷惑與沉思。在擺放性愛書籍的書櫃區上，讀者可以輕易找到七、八種以上不同版本的《印度愛經》（Kama Sutra），有經文英譯本、法譯本，有經文配上古印度春畫作插圖說明的，有配上石廟性愛浮雕作插圖的，還有以裸體男女模特兒擺出各種性愛姿勢的照片作插圖的，眞是琳瑯滿目，洋洋大觀。

書商印製各種版本的《印度愛經》，無非是方便讀者可以藉由圖文說明，輕易了解古代印度人房中術的經驗與智慧，拿來運用在自己的閨房中。《印度愛經》提到各式各樣的親吻，用指甲、嘴唇如何在女人肌膚上各處留下不同的愛痕，各種咬嚙法、交歡姿勢、性虐花招……，對現代人都有參考借鏡的價值，值得重新包裝出版，但是，比《印度愛經》更精彩萬倍，更具實用價值的中國《素女經》，爲何沒有人好好加以整理出版，造福世人呢？

把中國古代性愛智慧結晶《素女經》加以整理研究，配上豐富多彩的圖片說明，讓讀者一看就懂，立刻能用，像《印度愛經》一樣流傳，經由性福的滿足而沉浸在幸福中，這是筆者在異國書店中的心願；如今終於如願以償，把古代中國春畫插圖本「素女九法」呈現在讀者面前。

中國是個歷史悠久、戰亂頻仍的民族國家，許多寶貴的典籍都因戰火而永遠消失了。《素女經》在漢朝時完成，不過才歷經六、七百年，到隋唐時期，包括《素女經》在內的十幾種先秦兩漢房中術都已佚亡了，只在唐朝的醫籍中因轉引抄錄而保存了一部分。

《素女經》殘抄的章節片段奇蹟般地保存到明朝中葉，當時還有人存有手抄本，寫入自己的房中術著作《素女妙論》。不幸的是，《素女妙論》和手抄《素女經》殘卷，在明朝滅亡之後也完全消失於中國，直到晚清民初，才有人從日本把《素女經》殘卷抄回中國，又找到明人的《素女妙論》重新出版，我們才又終能一睹漢朝的性學名著《素女經》。

即使是殘缺不全的《素女經》，已足以讓世人驚嘆不已。書中的各種論述，在兩千多年後仍舊閃耀著智慧的光芒，可供今人參考學習。而介紹九種性交體位的「素女九法」只是《素女經》殘本中的一段經文而已，卻能如此耐人尋味。

用現代白話文解說「素女九法」，讓讀者輕易了解其奧妙，只是本書的特色之一；從大量古典情色文學中尋找例證，說明中國歷朝各代一直很喜歡這九種性交體位，身體力行，懂得各個姿勢的特色和運用的時機場合，是本書的特色之二；以大量精美珍貴的古代中國春畫作圖例，讓讀者一看圖就知道姿勢爲何，則是本書的第三個特色。

中國春宮畫長久以來一直是個缺乏研究的領域，學者專家囿於「有傷風化」的忌諱不敢碰觸，原春畫上多半沒有作者簽名，也不知完成於哪個朝代、何年何月，使一般人對中國春宮畫難以欣賞。本書中的每一幅春畫，都有仔細的分析介紹，讓讀者能提升欣賞中國畫的水準，成爲鑑賞中國春畫的行家，則又是本書値得一提的另一特色。

《素女經》的出現有其承先啓後的意義，有其時代背景，它絕不是突然就被漢朝學者在一夕之間想通寫就的，本書後記〈素女九法的傳承和流變〉，是一篇簡明扼要的專論，讀者千萬不可錯過。看過本書之後，相信你將懂得如何從中挑選出幾個最適合你的性姿勢，臨場時隨機組合，藉此享受前所未有的性愛歡愉。

目錄

九法之二

龍翻

女仰男伏，
前入位，
像龍騰於上。

九法第一曰「龍翻」。

令女正偃臥向上，男伏其上，股隱於床，女攀其陰以受玉莖，刺其穀實，又攻其上，疏緩動搖，八淺二深，死往生返，勢壯且強，女則煩悅，其樂如倡，致自閉固，百病消亡。

「龍翻」的要訣是：女子面朝上仰臥，男子俯壓在她身上，大腿貼床，女子陰戶上迎陽具，陽具深刺陰道五寸的穀實部位，並搗弄陰道的上壁，抽送的方式要疏緩動搖、八淺二深，不要太快速猛烈、下下到底，這樣才能軟進硬出，讓陽具日益強壯，女子也會無比愉悅、春情蕩漾，陰道緊縮，百病消除。

在明朝嘉靖四十五年（西元一五六六年）刊印的《素女妙論》卷二〈九勢篇〉中，則是這樣說的：

一、龍飛勢。

令女人仰臥其體，兩足朝天，男子伏其上，據其股，含其舌，女人自舉起牝戶而受玉莖，刺入玄牝之門，抽出扣其戶，舉身動搖，行八深六淺之法，則陰中壯熱，陽物剛強，男歡女

1-1　湘妃竹床上的男女正以「龍翻」之式交歡，動情的女人舉腿盤到男子背上，希望他更深入些，此圖設色典雅，繪技嫻熟工麗，畫風似唐伯虎，是中國春宮畫中不可多得的傑作。明朝中葉春畫。

悅，兩情娛快，百疾消除。其法如蛟龍發蟄攀雲之狀。

與漢朝的「素女九法」相比，明朝的「龍飛」多了「含其舌」的濕吻，並要求仰臥的女子「兩足朝天」；但是兩足朝天後又要「自舉起牝戶而受玉莖」，在實行上有些困難度。另外，兩者抽送的方式也略有不同，「龍翻」是八淺二深，「龍飛」則是八深六淺。

明末短篇小說《僧尼孽海》乾集〈西天僧西番僧〉中，提到「九勢」之一「龍飛勢」則是這樣的：

第一曰「龍飛勢」。女子仰睡，男子伏其腹上，據股含舌，女子疊起陰物，受男子玉莖，刺其琴弦，和緩搖動，行八淺五深之法，陰熱陽硬，男悅女歡。

1-2　寒冬時節，蠟梅盛開，富貴人家的男主人燃起熊熊炭火取暖，一邊在床榻上以「龍翻」之式與妻妾尋歡，因為太冷了，男女都穿著衣服行房，只露出一點私處。此畫精雅富麗，人物造型栩栩如生，出自蘇杭浙派畫家之手，畫風近似康熙年間內廷供奉之揚州人物畫大師禹之鼎。清朝康熙年間春畫。

這顯然是抄《素女妙論》的講法而簡略些，抽送時的深淺稍有訛異，由「八深六淺」變成了「八淺五深」，可見幾深幾淺是沒有特別意義的。三處說法大致相同，均說「龍翻」或「龍飛」是女仰男伏的前入位。

◆◆◆

爲什麼這個姿勢要取名「龍翻」？「翻」在漢朝時有二義：一是飛翔，如漢人張衡〈西京賦〉：「衆鳥翩翻」。二是變動，稱翻轉或翻騰，如《後漢書．杜林傳》：「臣愚以爲宜如舊制，不合翻移。」龍翻就是龍行之貌，呈波浪狀弓行飛進的模樣。明朝時人們已覺得「龍翻」太抽象不好懂了，所以《素女妙論》的作者要將它改名爲「龍飛」。

龍是想像中的動物，如何飛行不容易懂，看蛇曲身前進的樣子可以模擬一二，不過是把橫躺在地改成直立弓行就對了。在大自然中，尺蠖前行的姿勢正是具體而微的龍翻，男人趴在女人身上，屁股聳動的模樣也與尺蠖弓起身子再放平身子的情形相仿，把這個性愛姿勢稱作「尺蠖屈行」也許更具象好懂。事實上，湖南長沙馬王堆漢墓出土的《合陰陽》第三章講述的十種性交體位中，就有「斥（尺）蠖」一式。爲什麼先秦時稱「尺蠖」，到了漢朝時要改爲「龍翻」呢？因爲《素女經》是漢朝道家方士向皇帝推銷的房中術，以此爲博取榮華富貴的工具，當然要取一個好聽的名字；「龍」代表天子，取名「龍翻」絕對比「尺蠖」高明一百倍。這就像過年時餐館賣的年菜，如果老老實實地稱「雜料羹」那一定乏人問津，改稱「佛跳牆」就能賣得火紅，道理是一樣的。

1-3　晚秋時節，農家圍牆上爬滿了開花結實的南瓜，一個到牆外井邊打水的老農夫被牆內的雲雨聲所誘，設法攀爬到牆頭窺看究竟，原來屋中的夫妻正以「龍翻」之式做愛呢。明末清初佚名畫家作品。

在許多談性知識的書裡，都把男上女下面對面臥姿稱作「正常位」，因爲它最符合中國傳統男尊女卑、尊上卑下和男天女地、天上地下的觀念，所以男人壓著女人搞是最「正常」不過的姿勢。想想看，向皇帝推銷的性姿勢，如果一開頭就讓后妃騎在皇帝身上，顚倒綱常，成何體統？所以九法的第一式就先要皇帝在上，壓著後宮三千佳麗雲雨敦倫。

在這個姿勢中，被壓在下面的女子並不是逆來順受地平躺就好，她要在下面抬臀舉陰以受玉莖。仰躺時，陰戶生得低下的女子會給男陽帶來一些困擾，這時就必須暗中配合馳援。有一種說法：中國女人愈往大陸北方，陰戶愈生得朝上；愈往南邊，陰戶愈往下偏，藏在胯間而近肛門；而根據相書的觀點，露陰主賤。我不太相信中國女人陰戶高低與緯度有關，但女人的陰戶的確有人生得朝上些、有人生得朝下些，「龍翻」的姿勢是比較宜於陰戶偏高的女人。如果女人陰戶生得「落襠」，自舉其陰以受陽具就更加重要了。

「龍翻」要求男子抽送時要「刺其穀實，又攻其上」。「穀實」是專有名詞，在先秦房術書中，把女性陰道的長度訂爲八寸，每寸各取一名，一寸稱「琴弦」，兩寸稱「麥齒」，三寸稱「兪鼠」，四寸稱「嬰女」，五寸稱「穀實」，六寸稱「臭鼠」，七寸稱「昆石」，八寸稱「中極」。一寸就是手指一節長，約兩公分左右，穀實在陰道過半處，約深九、十公分。

爲什麼玄女告訴黃帝，要刺激陰道上方和穀實部位呢？因爲女人的G點正是在陰道上壁二、三寸之間，當男陽抽送進出時，如果刻意磨弄這個地方，很容易讓女人心煩意亂、精神恍惚，快活呻吟得像個娼婦似的。

1-4　這是乾隆年間佚名畫家為《金瓶梅詞話》一書所作的插畫之一，描繪西門慶與潘金蓮敦倫的情景。書中幾十處的做愛描寫，並無任何一處特別提到「龍翻」之式，因此無法比對出是描繪那一回中的場景。清朝乾隆年間春畫。

「龍翻」要求男子敦倫時要「疏緩動搖，八淺二深」，強調抽送要疏而不密、緩而不急，要上下動搖而非直進直出，要八淺二深而非長驅直入。所謂「飆風不終朝，暴雨不終日」，動作快速猛烈是即將射精前兆，而龍翻是起手第一式，好戲才剛上場，當然要慢條斯理、從容不迫，如果才壓上去就一味猛幹，十之八九要早洩，大丈夫不為也。從上面的分析可知，《素女妙論》要求「八深六淺」是沒啥道理的，《僧尼孽海》的「八淺五深」還有幾分歪打正著的味道。

◆◆◆

「龍翻」這個性愛姿勢在古籍中有許多不同的名稱，今按出現時間先後列舉如下：

偃蓋松

這是唐朝人的說法，形容「龍翻」之式的男子俯臥時像一株枝葉俯偃遮蓋著大地的松樹。

1-5　「龍翻」之式可以同時互相擁吻，讓兩人身體肌膚達到最高的密合度，並以四目傳情，是最適合貌美女子做愛的一個性姿勢，在本圖中可以得到印證。清朝嘉慶年間春畫。

唐朝佚名方士的性學醫籍《洞玄子》談到性交姿式三十法之十三「偃蓋松」說：「令女交腳向上，男以兩手抱女腰，女以兩手抱男腰，內玉莖於玉門中。」

與「龍翻」稍異的是，「偃蓋松」強調女子要舉腳交纏於壓著她的男子的背上，還要以雙手摟抱著男子的腰際，男子也要摟抱女子的腰肢，彼此緊密擁抱，龍翻的文本中則沒有詳說女子的四肢該如何擺布。

1-6　此為玉石珠寶鑲嵌在竹板上的工藝畫。畫中男女正以「龍翻」之式交歡，女子右手持「淫籌」準備事後拭淨淫水，男子在她耳邊說髒話，害她嬌羞地閉上眼睛，精麗之中俱見細膩。

推磨

這是明朝中葉人的說法，形容男人屁股壓著女子屁股，像兩個圓圓的石磨上下壓疊，性交時的動作則彷彿推磨。

明人吳敬所編輯的《國色天香》一書中，有部長篇小說〈龍會蘭池錄〉，裡面提到「春宵十詠」七律詩十首，其二曰：

對疊牙床起戰戈，兩身合一暗推磨；
採花戲蝶吮花髓，戀蜜狂蜂隱蜜窠。
粉汗身中乾又濕，雲鬟枕上起蹉跎；
此緣此樂真無比，獨步風流第一科。

「兩身合一暗推磨」即指男上女下面對面臥式交歡。直至晚近台灣民間流行的謎語中，仍有一首「葷謎素猜」以「龍翻」之式作謎面：「臍對臍，手牽伊就來，咿呀三五擺，白膏流出來。」謎底即是石磨。

金鯉衝波

「龍翻」時，男陽在淫液泉湧的牝戶中猛力抽送，明朝人想出了一個生動的形容詞「金鯉衝波」。

明朝無遮道人寫於萬曆四十四年（西元一六一六年）至明亡（西元一六四四年）期間的《海陵佚史》，下卷中描述金朝海陵王與手下大將瓦剌哈迷之妻什古淫亂；什古來朝時，海陵王將她擕入後宮，照著《洞房春意》畫冊行淫：「乃挽什古登床……合抱什古側臥，以陽物投納其牝戶中，謂之曰：『此比目魚勢也。』什古見陽物入戶不動，戲曰：『毋乃涸轍魚耶？何故不跳躍也？』海陵笑曰：『魚得水而活，少待水至，自洋洋逝矣。』已而什古牝內熱作、淫液橫流，海陵

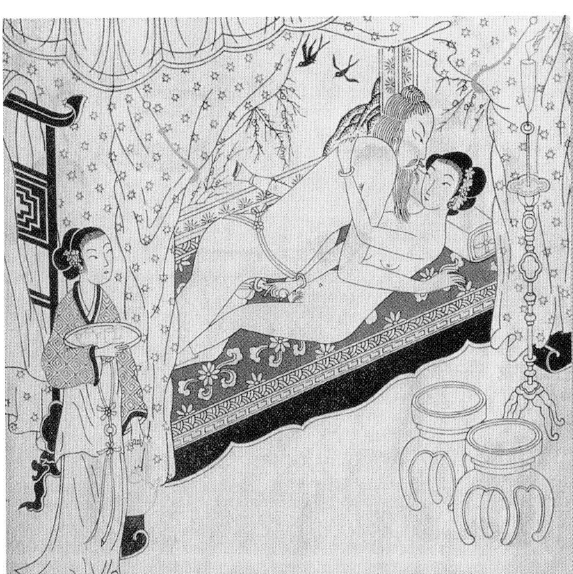

1-7 晚明木刻套色版畫《鴛鴦秘譜》。該畫冊有以藍黑綠紅黃五色印刷版畫三十幅，為晚明時品質甚佳的作品之一。圖中老者以「懸玉環」套在陰莖上以保持勃起狀態，以「龍翻」之式替一少女開苞。「懸玉環」在《金瓶梅詞話》中多次出現，是西門慶隨身「淫器包兒」當中的一種淫器。

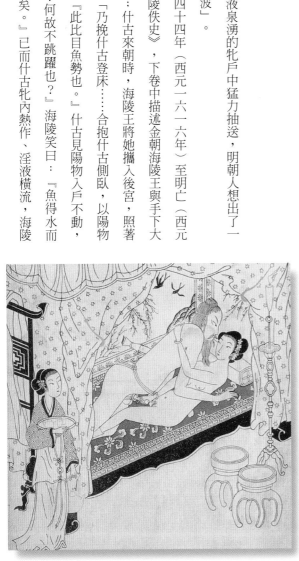

曰：『水至矣，魚得生矣。』轉身（由男女面向側臥交轉爲男俯女仰的龍翻式）搖曳百提，作金鯉衝波之勢……」

蜻蜓點水

男女以「龍翻」之式交歡時，如果男子不把身體重量全壓在女子身上，而以膝蓋手肘微微撐起上半身，聳陽進出便有如蜻蜓點水了。

晚明人李漁《肉蒲團》第十七回說：「只見一個婦人睡在床上，兩足張開，但不提起，男人的身子與婦人離開三尺，兩手抵住了蓆，伏在上面抽送，叫作『蜻蜓點水』之勢。」

虛舟逐浪

「龍翻」時，如果伏在上面的男子把性具插入後不動，讓身下仰躺的女子頻頻舉臀相撞，在晚明時有個專名叫「虛舟逐浪」，這是形容男陽好似小舟，在女子舉臀如波浪時，小舟上下顛簸的情景。

晚明崇禎末年（西元一六四四年）桃源醉花主人色情短篇小說《別有香》第四回，敘述松林禪院淫僧了空和尚誘姦來寺中燒香的豪門少婦萬氏，兩人嬉耍了許多姿勢，中間有一段說：「婦下僧上，插入不動，道：『此齣要夫人做。』婦道：『何套？』了空道：『是「虛舟逐浪」。』婦爲舉身，向上掀簸，了空作隨波上下自在之勢……」

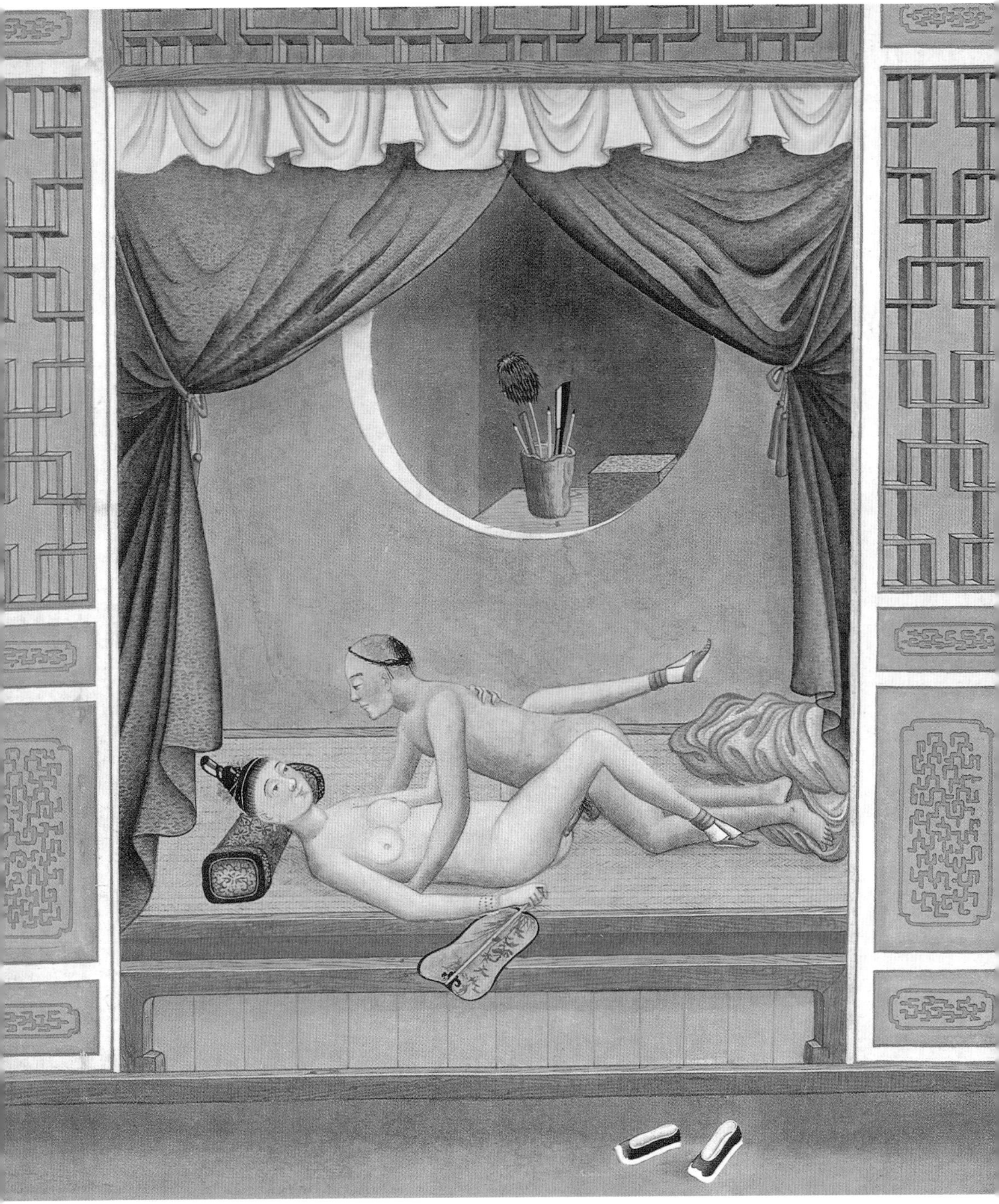

1-8　時當盛夏，梳旗人髮式的男女一絲不掛地在竹蓆上做愛，男子體貼地用雙手撐起上身，免得壓壞了佳人，在《肉蒲團》書中稱此式為「蜻蜓點水」。畫中人物用明暗對比呈現立體感，人體結構比例精確，顯然是受到乾隆年間在清宮供奉的義大利畫家郎世寧的影響。清朝乾嘉年間春畫。

1-9　有人說「龍翻」不宜於牝戶生得低下的女性，其實在屁股下墊個枕頭即可輕鬆解決問題，此圖就是個佳例，說明古人早已想到了這一招。清朝乾嘉年間春畫。

聳陰接陽

同樣的男上女下面對面臥交，如果男動女也動，則稱爲「聳陰接陽」。

前引晚明人李漁《肉蒲團》第十八回說：「京師裡面，有個馳名的鴇母，叫做顧仙娘……。顧仙娘生平有三種絕技，……第二種是聳陰接陽，……她有時睡在底下與男子幹事的時節，再不教男子一人著力，定要把自家的身子聳動起來協濟他；男子抵一抵，她迎一迎；男子抽一抽，她讓一讓，不但替了男子一半力氣，她自家也討了一半便宜，省得裡面的玄關一時攻抵不著。」

霸王壓頂

從字面就知道，以「霸王」形容房事中的男人，他把整個身子壓在仰躺的女人身上，毫不留情地恣意追歡享樂。

清朝佚名作家《歡喜浪史》第三回說，二十五歲的永豐縣小財主曹百昌赴南京經商，託好友平常照顧其家；平常趁機調戲曹妻江媚娘，終於成姦：「媚娘……苦去甜來，覺著妙不可言，叫道：『心肝，你是有本事的人，我丈夫自從娶我過門，連這麼一快活也沒有，那知道如此有趣，怪不得婦人家有好養漢的。』平常聽了，越發的高興，霸王壓頂、孤樹盤根，弄得無法不備……」

此外，在三〇年代的小說《月夜風光》中，還在描述此式時取名「獨木打樁」，也是很鮮活準確的形容。

「龍翻」之式有許多特色。

首先，它是九法中的第一法，顯示出它的尊貴性和重要性。在人類進化到文明時期以前整個舊名器時代，大約一百萬年之間，傳宗接代的性交姿勢大概只有一種，就是和其他哺乳類動物相同的蹲踞後進位，俗稱「狗交式」，這是在危機四伏的環境下，最便於兩人同時警戒四周而隨時逃跑的做愛姿勢；到了一萬年前的新石器時代以後，人類逐漸在地球上取得生存的優勢，做愛不必那麼緊張擔心了，再加上長期直立行走使人類脊椎變直，方便躺下或平趴，才逐漸發展出男上女下臥式前進位的交合姿態，爲了彰顯它是人類有別於其他哺乳動物的獨特性姿勢，才將它置於九法中的第一法，而把歷史更悠久、使用了上百萬年的狗交式放在九法中的第二法，稱爲「虎步」。

其次，「龍翻」是一切性姿勢中最常使用、最受喜愛的姿勢，在情色文學和春宮畫中出現得最頻繁。中國傳世最古老的一幅春宮，畫在廣西龍州左江沿岸沉香角岩壁上，可以分辨出是男上女下躺在矮床上以「龍翻」之式交合；此外，四川成都出土的漢朝畫像磚交合圖，也是描繪男上女下、男俯女仰在帳中蓆上交合的情景，可見中國人喜歡「龍翻」之式是自古已然了。

男人喜歡「龍翻」之式的原因是它符合了中國傳統男上女下、男尊女卑的古老觀念，男人屬

1-10　這批作品（十餘幅）畫在纖維較粗的稻草紙上，有一種朦朧美，因為有些畫展現了十九世紀英國維多利亞的畫風，人物造型像歐洲油畫，推測是當時廣州畫師為迎合洋人口味而繪的外銷畫，畫中女子挺腿舉臀，似為「虛舟逐浪」之式。清中葉廣州外銷畫。

陽是天，自應在上，女人屬陰是地，理當在下。這個姿勢也充分滿足了男人的占有慾，以「龍翻」之式交歡，上面男舌入女口，下面男陽入女陰，當中兩手再緊摟著女人的腰或頸，感覺上，這個被壓在身下的女人只有如此才完全是屬於自己的，可以任意支配、恣意追歡。

「龍翻」是傳統羞澀內向被動女性最能接受的性愛姿勢，因此，男女初次交歡或洞房花燭夜時，多半以「龍翻」之式突破女性羞怯的心防，為日後無數次的交歡打開了方便之門。在「花徑不曾緣客掃，蓬門今始為君開」時，十之八九都是以「龍翻」之式成其好事的，半壓半強的「龍翻」，讓羞怯的女子有半推半就的下台階，而終於由靈的境界提升到靈肉合一的境界。

有些書本上說「龍翻」這個姿勢只適合陰戶偏高的女性，陰戶偏低的女性就比較不容易讓男陽「入港」了。這話有幾分道理，但是也不是沒法子補救，古人早就想出補救的妙方了。晚明人馮夢龍輯《笑林廣記》卷六有一則〈用枕〉說：

有女嫁于異鄉者，歸寧，母問風土相同否？答曰：「別事都一樣，只有用枕不同；吾鄉把來墊頭，彼處疊在腰下的。」

在屁股下墊個枕頭，把陰戶抬高，不就可以讓陰戶偏低的女人也可以玩「龍翻」之式了嗎？在法國巴黎國家圖書館收藏的一套清中葉春宮畫上，看到有一幅畫中男女裸身在矮榻上以「龍翻」之式白晝宣淫，那女子的腰下就墊了一個枕頭。還有些春畫裡，男子讓丫鬟充當枕頭墊在主母的屁股下以龍翻之式雲雨交歡，可見遇到「落襠」的女人照樣可以玩「龍翻」。

有人覺得「龍翻」時仰臥的女性兩腿張開以容納俯臥男子的下身，就無法用陰戶完全包住男

1-11　漢代畫像磚《交合圖》。磚上浮雕的拓片顯示女子仰躺枕蓆之上，屈膝舉腿任男子俯壓上身，以「龍翻」之式交合，這是中國最古老的比較寫實的春宮畫，已有兩千年以上的歷史，也見證了這個有別於其他哺乳類動物的性姿勢之悠久。

子的陽具，會感覺鬆鬆的，結合得不夠密實；這可以藉女子平時多做提肛（緊縮肛門）的動作加以改善，使雙腿在張開的情況下仍可以收縮陰戶；如果一時做不到，也可以要求男子在插入性具後，將兩腿分跨到女子兩側，讓被壓的女子併攏雙腿，就能輕易地夾緊陽具，這樣子也不妨礙男子的抽送動作，是「龍翻」的花招之一。

「龍翻」並沒有規定仰躺的女子只能兩腿平展，也可以略屈兩膝以便於聳臀相湊、在下推磨，即前述的「聳陰接陽」、「虛舟逐浪」。據某前輩告知，往昔民國初年時，上海青樓鴇母訓練雛妓，要她仰躺著，在肚皮上放個裝滿水的碗盞，屈膝微抬臀，下面放一疊草紙，屁股一轉，把一張草紙蹭走，要訓練到草紙一張張全蹭飛了，而肚子上那碗水始終滴水不溢才算過關。

「龍翻」時女子還可以舉腳交叉於男子的腰背上，尤其在男子即將射精時，加上雙手環頸，可增加擁抱的密合度，有彼此屬於一體的親密感。在古代的春畫中，也可見仰躺做愛的女子把一腳或兩腳抬放在壓著她的男人背上，照《素女經》中「十動之效」的解釋：「舉兩腳拘人者，欲其深也」、「交其兩股者，內癢淫淫也」，都是女人情不自禁的性反應，畫家很敏銳地捕捉到此情此景，表現在春畫作品中。

1-12　明朝萬曆末年木刻版畫《花營錦陣》第十五圖，描繪富豪人家以婢女代替枕頭墊於婦女股下，方便男子以「龍翻」之式交歡的情景。全套畫冊二十四圖，畫風類似唐伯虎。

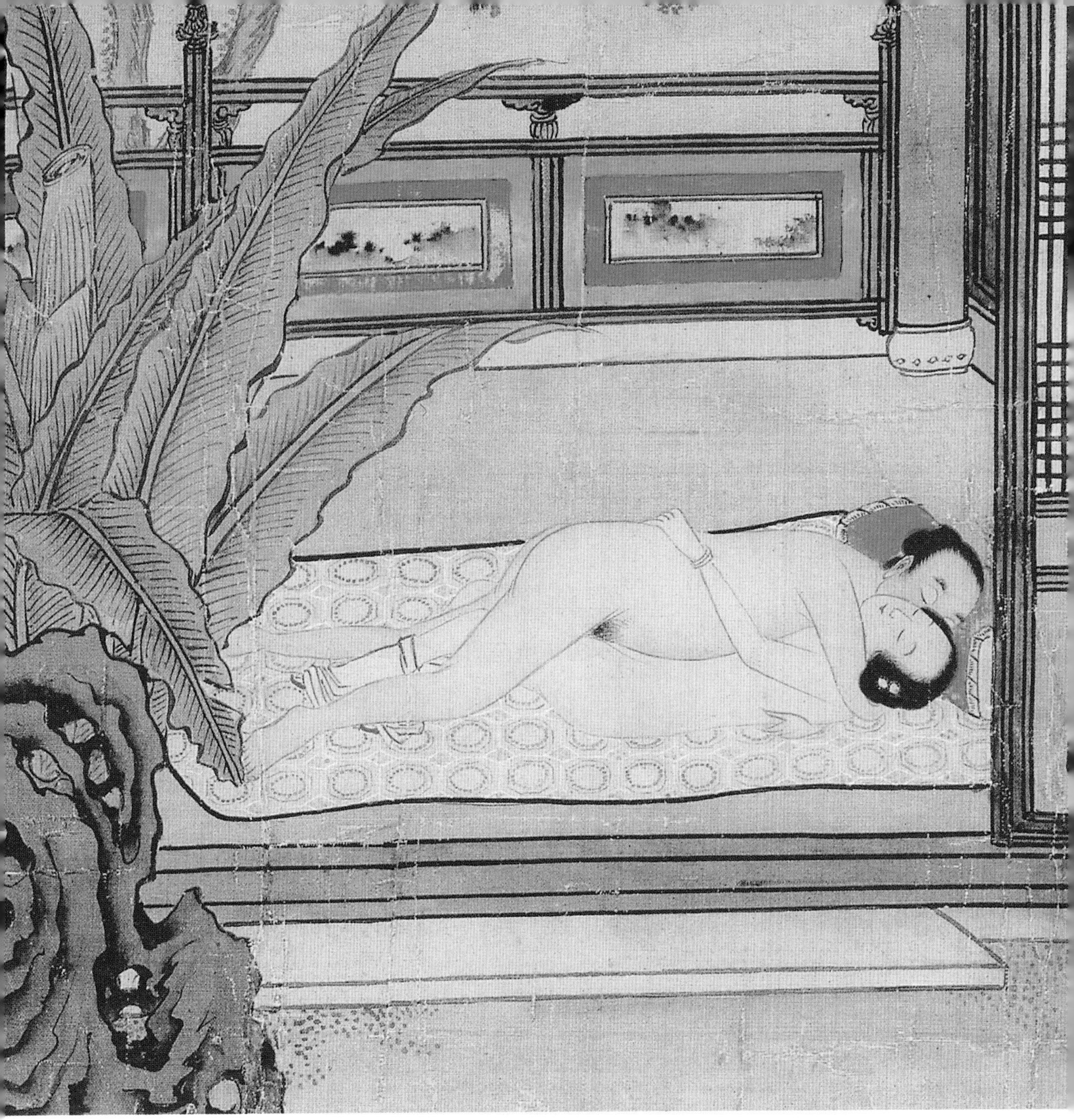

▍1-13　「龍翻」時仰臥的女子雙腿岔開，有人嫌如此無法夾住男陽，其實也可以像此圖中，讓女子併攏雙腿進行交歡；看圖中男女閉緊雙眼的陶醉樣，其樂可以想見。晚明蘇州畫家王聲作品。

九法之二

虎步

女匍伏在地，
俯首翹臀，
男跪其後，
後入位，
像虎踞其後。

第二曰「虎步」。令女俯俛，尻仰首伏，男跪其後，抱其腹，乃內玉莖，刺其中極，務令深密，進退相薄，行五八之數，其度自得，女陰閉張，精液外溢，畢而休息，百病不發，男益盛。

素女九法的第二式稱「虎步」。

要訣是：女子面朝下俯伏，頭臉向下、屁股高聳，男人跪在她的股後，雙手抱攬她的小腹，將陽具插入，直抵陰戶最深處的「中極」（花心），抽送不已，約四十下之後，男子控制精關不洩，待女子陰戶忍不住開闔翕張、流出津液，就可以停下來休息一番，如此可令女子百病不生，男子更加強壯。

明嘉靖末年《素女妙論》卷二〈九勢篇〉的第二勢稱「虎步勢」：

2-1 江南園林中，一對全裸的男女蓆地交歡，女子伏身回首，男子跪於後方，以「虎步」之式敦倫，園中芭蕉展葉，牡丹盛開，已是暮春四月之光景。這幅春宮的作者繪技嫻熟而略嫌匠氣，可能是根據明朝春畫的一個臨摹本。清乾隆年間佚名畫家作品。

令女人胡跪低頭，男子踞其後，抱其腰而插入玉莖於牝門，行五淺六深之法，抽出百回。玉鉗開張，精涎湧出，水火既濟，盡丹鼎之妙，煩懣已除，血脈流通，補心益志，其法如虎豹出林嘯風之狀。

「胡跪」又稱「互跪」，是一膝著地單腿跪，時時互換，女子胡跪時比雙膝併跪更能大張牝戶；「玉鉗」指牝戶，形容其色如白玉、開闔似鉗也。經文大體與漢朝《素女經》無異，只多了用五淺六深之法抽送百下的規定，又對此式的名稱由來作了一番解釋。

明末《僧尼孽海》乾集〈西天僧西番僧〉裡的第二式則這樣說：

第二虎行勢，女子低頭向前跪倒，男子踏後抱腰，握玉莖投入陰戶，行五淺三深之法。陰戶開張，陽氣出納，男舒女樂，血脈流通。

《僧尼孽海》的「虎行勢」說法倒是更接近漢朝的《素女經》，抽送的方式就自行規定了。

女子膝掌著地、俯首翹臀，男跪其後的後入位交合法，在中國一直用老虎的交配來形容，如湖南長沙馬王堆出土西漢竹簡《合陰陽》中的「十勢」，第一勢就是「虎游」；初唐佚名方士所寫的《洞玄子》書中「卅法」的第二十一法「白虎騰」說：「令女伏面跪膝，男跪女後，

2-2　綠衣紅裙、綰同心髻的婦女脫光下身，伸直右腿、屈左腿，以「胡跪」之姿側躺在炕邊，全裸男子站在她身後摟腰聳股，把陽具送入牝戶中，一如《素女妙論》之「虎步勢」。門外一男子從窗櫺間往內窺看，意欲分一杯羹，給單純的春畫平添了若干想像空間，三人的關係令人好奇。清朝中葉佚名春畫。

兩手抱女腰，內玉莖於子宮中。」可見，由先秦的「虎游」到兩漢的「虎步」到隋唐的「白虎騰」到明朝的「虎步勢」或「虎行勢」，中國人一直用老虎的交配來形容此跪姿後進位。

「虎步」的要訣是：女子匍伏在地，俯首翹臀，男跪其後，探後入位，深搗四十下而止，形似猛虎蹲踞於獵物身後，虎視眈眈，有出林嘯風之威。由於是後進位，男子陰莖在抽送時會碰到女性兩團豐肥的屁股像山一樣地阻擋著（所以這個姿勢俗稱「隔山搗火」），因此男子務必要深密地往裡送，女子也需翹股相迎，才能直搗花心；如果後進位時女子不仰尻翹臀，男子又淺入淺出，就只能徘徊洞口讓女性有「搔不著癢處」的怨嘆了。

四十下而止，說明了「虎步」只是一個「橋段」，一個「過場」，一個情緒的發洩，不是重頭戲，情慾的更大滿足得靠其他的性姿勢來獲得，理由詳見下文。

◆◆◆

一般的哺乳類動物，像狗、馬、驢、牛……，都是和老虎一樣的姿勢交配，因爲四肢著地行走，這個姿勢最自然方便，也最有安全保障，它可讓兩隻做愛的動物同時用四隻眼睛向四周警戒，一遇到危險就立刻逃跑。

人類老祖先和其他猿猴猩猩等靈長類動物一樣，也都以「虎步」的方式傳宗接代。性交時，通常是雌雄兩性互相接近後，雌性反轉身來以背部朝向雄性，然後利用上半身的自然彎曲向前俯下，翹起臀部，雄性在其後面進行接觸，這種性交姿勢是短暫的、粗暴的、僅是爲了達到泄慾和生殖目的的性交方式，男性只能看到與其交媾伴侶的背部，女性豐滿的臀部成爲他性刺激

2-3　與圖2-2一樣的性姿勢，場景改到江南庭園之中。一缸荷花點綴出時序正當仲夏，同樣是三個人，第三者改為站在男主角身後推聳助陣的「孝子」。中國人的性教育觀，在此圖中有著偏離常軌的不良示範。清朝中葉佚名春畫。

2-4　男女於庭中織毯上以「虎步」之姿行房，畫風介於工筆與寫意之間，可能是明朝春畫一個潦草的摹本。清中末葉仿古春宮畫。

的主要來源和性滿足的主要對象。

「虎步」是一種哺乳動物間通用的交偶方式，當初取名時爲什麼不用其他的動物如「狗交」、「牛交」、「羊交」……而一定要以虎爲名呢？

因爲老虎是山中的大王，以虎爲名才威風，「素女九法」是獻給皇帝的，稱「虎步」比較響亮，就像前引《素女妙論》：「其法如虎豹出林嘯風之狀」；說得眞神氣，用其他走獸來稱呼此式都沒有「虎步」來得好。

說是哺乳動物通行的交配姿勢，裡面還是稍有區別：虎豹獅子交配時，雌獸是蹲伏在前，以腹貼地的，牛馬羊狗交配時，雌獸卻是四足站立，讓雄獸自後方以前足搭背而交，雌牛雌馬雌羊雌狗的腹部是不貼地的。「素女九法」的「虎步」，女性採跪伏之姿，更像交配中的雌虎而比較不像母狗或雌馬，取名「虎步」也比稱「狗交式」正確些。所以一般民間稱此式爲「狗交式」是有些不妥的，更別說兩狗相交到後來會出現屁股對屁股、進退兩難的窘境，這哪是「虎步」該出現的景況呢？

清人天然痴叟短篇小說《石點頭》第四卷〈瞿鳳奴情愆死蓋〉裡，引了一首俚曲形容狗交說：「東家狗，西家狗，二尾交聯兩頭扭，中間線索不分明，漆練膠粘總難剖，或前或後團團拖，八腳高低做一肘……」眞是尷尬極了，素女當然不肯將這個姿勢取名「狗交」。

然而民間百姓對這個姿勢的取名就不那麼講究了。在民初的性醫學書籍《愛情秘記》裡，有一則〈時髦的性交姿態〉共列舉了二十九個姿勢，第九式「蘇武牧羊」說：「如果一個女子陰戶生得低、貼近肛門的時候，便大可以同時找一張椅子或凳子，將頭部伏在椅上，把屁股高舉，這時，男子在後面把陽具插進女子的陰戶，便可以抽動了……。男子一方面抽動，也可以一方面玩弄女子乳房，萬分快感也。」所述即「虎步」，只不過上身略抬高伏在椅子上，而非俯伏在地也。

同書第十四式「鐵牛耕地」也是「虎步」，只不過換椅爲床罷了：「還有一個叫作『狗交』，這狗交又是利便女子陰戶低下的，女子將身俯伏床上，高舉臀部，這時候，男子可以站著或蹲著，由後面把陽具插過去了……」

由此也可見民間百姓將「虎步」俗稱爲「狗交」，並不在意是否貼切。

◆◆◆

「虎步」在古代中國除「狗交」、「蘇武牧羊」、「鐵牛耕地」外，還有幾個別緻的名稱：

後庭玩賞

明朝短篇小說《別有香》第四回〈潑禿子肥戰淫孀〉說，二十歲的豪門孀婦萬氏到松林禪院燒香，了空和尚於茶中下迷藥將她誘姦，萬氏醒後也樂於淫亂，書上說：「了空……又令婦（萬氏）立伏床邊，從後進具深送。婦（問）道：『何套？』了空道：『是「後庭玩賞」。』……」

「後庭」指屁股，因此式中婦女的屁股朝天翹起，可供身後行房中的男子恣意玩賞而得名。

隔山取火

清初姑蘇癡情士所撰《鬧花叢》第三回說，明朝弘治年間，南京應天府已逝劉狀元府中園丁安童，身懷春宮冊與女婢春梅私通，被老夫人搜出，書上說：

夫人揭開一看，上面道：「……女子俯身而臥，將那後庭掀起，兩股推開，男子俯伏肩背，以龜頭塞入陰戶，一進一退，弄個爽利，這謂之『隔山取火』……」

又清朝乾隆年間佚名所撰《株林野史》演述春秋時代名女人夏姬作寡婦時，與君王陳靈公、朝臣孔寧、儀行父私通，最後改嫁楚臣屈巫。兩人避禍逃往晉國，夏姬改名芸香、屈巫改名巫臣，過著快樂的仙侶生涯。書上第十一回說：「巫臣……一會又叫夫人起來，用手扶住了春凳，自己在她後身，用手扣住兩胯，連抽了數百次，弄了一會『隔山取火』……」

隔山討火

這個名稱出現在前引《株林野史》一書的第六回，是夏姬情夫儀行父與夏姬婢女荷花玩的花樣：「儀行父自從休了吳氏之後，遂逐日同孔寧引著靈公在夏家淫樂……。夏姬仰臥床上，靈公先扒上去，摟住了腰，對準牝口，將陽物往前一頂，吃的一聲，金莖直

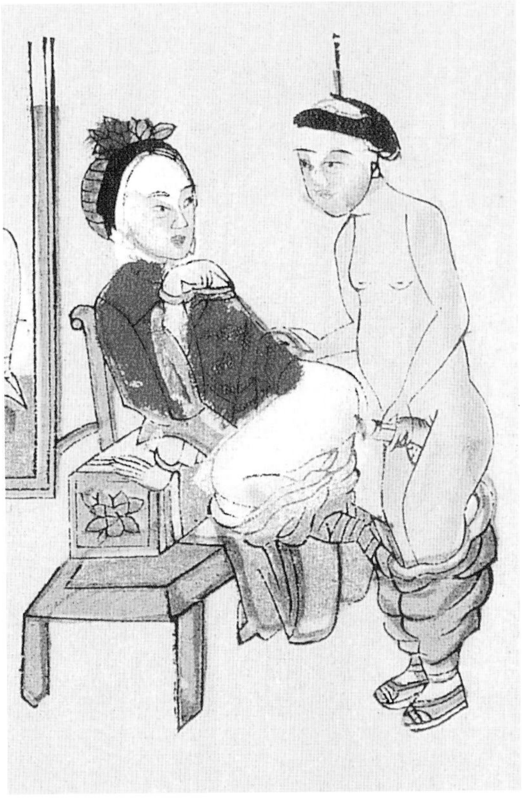

2-5　民末清初，河北天津楊柳青以木刻板印墨線輪廓，再以手工上色，完成可以快速大量生產的色情春宮。格式為一百一十公分長，十五公分高的手卷，刊印十二組各式交歡場面，繪印都相當粗糙，取其價廉而已，此為手卷當中的「虎步」圖。清末民初楊柳青木版春畫。

入，一進一出，唧唧的響。行父看得急了，聽得窗外似有人笑，知是荷花，遂將門開開，跑出來。荷花轉身欲去，行父向前抱住後腰，扯開褲子，隔山討火，弄將起來。」

「隔山討火」有些書上也寫作「隔山搗火」或「隔山掏火」，討、搗、掏當為一音之轉，還有寫作「截火掏山」的，見於清中葉一首雜曲馬頭調的〈走旱毀妓〉，說一個刁鑽的嫖客上妓院尋歡，對一般的玩法不中意，偏愛肛交，結果把妓女弄傷了。

2-6　明萬曆年間木刻版畫「馬背虎步圖」。

（念白）解衣帶，上床前，耍幾個嘴兒叫幾聲乖乖寶貝肉心肝，說向來故事兒都玩兒遍，什麼喜鵲登枝、推車鐙朝天、倒澆蠟、坐旗桿、餓馬跳槽、截火掏山，這些個俗套也絮煩，咱倆今兒個把樣式添……。

曲中「截火掏山」應當就是前述的「隔山掏火」。

◆◆◆

「隔山取火」或「隔山討火」詞中的「山」很好懂，形容女子豐肥的屁股像兩座小山似的橫列在前，「火」呢？應是指女子的私處，但爲什麼要用火來形容牝戶呢？

「火」字有兩個解釋，一是火宅，二是火爐。

火宅是佛家比喻煩惱痛苦的俗界，說人有情愛糾纏，如居火炕之中。《法華經譬喻品》說：「三界無安，猶如火宅，……衆所苦燒，我皆拔濟。」明中葉吳門徐昌齡著《如意君傳》，演述武則天皇帝與情夫薛敖曹之艷史，說最後薛敖曹體諒武氏年事過高（七十六歲），房慾過度，健康日損，非頤養之道而堅決求去；武氏在薛走後思念不已，派小太監持明珠一顆、紅相思豆十粒、龍涎餅百枚、紫金鴛鴦一雙和一封寫在銷金龍鳳箋上的情書送給薛敖曹，想讓他再入宮相聚數日，以修未了之緣。薛敖曹讀之下淚，嘆曰：「再入必不出矣，見機而作，不俟終日，此言非歟？吾今已脫火宅者。」

清朝雍正八年（西元一七三〇年）曹去晶的《姑妄言》第一回說，陰曹地府的閻羅王判上官婉兒轉世投胎爲女，「叫鬼卒押她去火宅，托生爲女。」也是以火宅譬喻情慾糾纏的俗世。如果情慾是煩惱無邊的火宅根源，那以牝戶爲火宅似乎也說得過去。

稱女性牝戶爲「火爐」是明朝中葉以後很特殊的用法，因爲彼時道家煉丹術盛行，宣稱可煉仙丹，或化鉛爲銀、或服用長生，男女歡愛也稱煉丹，煉丹需鼎爐，而女子牝戶即丹爐。

晚明人凌濛初《拍案驚奇》卷十八〈丹客半黍九還　富翁千金一笑〉說丹客向富翁騙稱可用二千金下爐燒煉成「九轉還丹」，服之成仙，僱一美妓飾丹客之妻於丹房中看守爐火，伺機挑逗富翁，在丹房中雲雨成姦，丹客再謊稱丹藥遭污：

獨絃琴一翕一張，無孔簫銃上銃下，紅爐中撥開邪火，玄關內走動真鉛。舌攪華池，滿口

馨香嘗玉液；精穿牝屋，渾身酥快吸瓊漿，何必丹成入九天，即此魂銷歸極樂。

由引文可知，牝戶稱「紅爐」或「火爐」是明朝習慣，「隔山取火」或「隔山討火」也就可以理解了。

◆◆◆

「虎步」是最原始古老的性交姿勢，所以見諸記載的描述也很悠久。唐人白行簡《天地陰陽交歡大樂賦》中，已有「女伏枕而揞（挺）腰，男據床而峻（跪）膝，玉莖乃上下來去、左右揩（擦）挃（撞），陽峰直入，邂逅過於琴弦（陰道一寸深處）；陰幹斜沖，參差磨於穀實（陰道五寸深處），莫不上泂（挑）下刺，側拗傍揩，臀搖似振，屌入如埋」的話，說的正是「虎步」。

明朝末年醉西湖心月主人所著《宜春香質》月集第三回中有「聚情幃中九式」，說：

第一，一美人赤身露體，跪而低頭，以屁股反向男子，男子赤身，踏（跪）女子後，摟女腰，挺大屌狠肏女子毯，女子身體搖蕩，牝戶大張，紅鉤赤露，雞舌內吐，淫水淋漓。

書中列了九種姿勢，而以「虎步」爲第一，亦可見其重要地位。

明萬曆四十五年（西元一六一七年）蘭陵笑笑生的《金瓶梅詞話》中，西門慶以「虎步」

2-7　不纏足的滿族貴婦，俯身於方桌之上，露出下半身，任男子從身後以「虎步」之勢聳入。壁上掛著山水立軸，兩旁對聯云：「滿堂風月共吟興，四壁琴書任曠遊。」暗示這場風月的發生地點是在書房中。畫中人物以明暗對比呈現立體感，是受任職清宮的義大利畫家郎世寧影響。清朝乾嘉年間春畫。

四璧琹書任瞻

2-8　「虎步」之式因女子高聳臀部，很適合肛交走旱時使用，圖中男子以右手食指抹油膏，顯係打算採伏身女子的後庭花，由於這套冊頁是《金瓶梅詞話》一書的紙本插畫，可知男女主角為西門慶和僕婦王六兒，因為書中第三十七回說王六兒「有一件毛病，但凡交媾，只要教漢子幹她後庭花」。清朝乾隆年間春畫。

之式與女人行歡的場景多達九次，分別是五妾潘金蓮五次、六妾李瓶兒兩次，僕婦王六兒一次，奶媽如意兒一次。與《金瓶梅詞話》出現的其他性姿勢相比：「龍翻」（正常位）一次也無（因爲是最常見的姿勢，所以不曾特別描寫），「猿搏」（老漢推車）出現七次，「蟬附」（俯臥後背位）一次也無，「龜騰」零次，「鳳翔」三次，「兔吮毫」（背向女上位）一次，「魚接鱗」（倒澆蠟）五次，「鶴交頸」（面向坐交）一次，尤可見蘭陵笑笑生特別偏愛「虎步」之式。

西門慶與六妾李瓶兒玩「隔山取火」見載於書中第二十七回與五十回：二十七回說「李瓶兒和西門慶二人在翡翠軒內，西門慶見她紗裙內罩著大紅紗褲兒，日影中玲瓏剔透，露著玉骨冰肌，不覺淫心輒起，見左右無人，且不梳頭，把李瓶兒按在一張涼椅上，揭起湘裙，紅裙初褪，倒蹶著隔山取火，幹了半晌，精還不洩，兩人曲盡于飛之樂……西門慶向李瓶兒道：『我的心肝，妳達達不愛別的，愛妳好個白屁股兒，今日儘著妳達達受用。』……李瓶兒低聲叫道：『親達達，你省可的搧罷，奴身上不方便……』」

第五十回說：「西門慶坐在帳子裡，李瓶兒便馬爬在他身邊，西門慶倒插那話入牝中，已而燈下窺見她那話（牝戶），雪白的屁股兒，用手抱著股，且觀其出入。那話已被吞進半截，興不可遏，……抽拽了一個時辰，兩手抱定她屁股，只顧揉搓，那話盡入至根，不容點毛髮，臍下毳毛皆刺其股，覺翕然暢美不可言……」

西門慶迷戀李瓶兒膚白股肥，常和她以「虎步」之式交歡；在第十八回裡初次與潘金蓮「隔山取火」時還有這樣一段話：「西門慶……叫春梅篩酒過來，在床前執壺而立，將燭移在床背板上，叫婦人（潘金蓮）爬在他面前，那話隔山取火，插入牝中，令其自動，在上飲酒取其快樂。婦人罵道：『好個刁鑽的強盜，從幾時新興出來的例兒？怪剌剌教丫頭看答著，甚麼張致！』西門慶道：『我對妳說了罷，當初妳瓶姨（李瓶兒）和我常如此幹，叫她家迎春在傍執壺斟酒，到好耍子。』」

「虎步」之式交歡便於男人賞玩女性肥白的屁股，李瓶兒一身白嫩的肌膚，屁股又肥又大，西門慶當然最喜歡與李瓶兒玩這個姿勢；後來李瓶兒病死，她兒子奶媽如意兒又讓西門慶搞上，書中第七十五回西門慶一邊揣摸著如意兒的奶頭，一邊誇道：「我的兒，妳達達不愛妳別的，只愛妳倒好白淨皮肉兒，與妳娘（李瓶兒）的一般樣兒，我摟著妳就如同摟著她一般。」西門慶先與如意兒玩「老漢推車」，「良久，卻令她馬伏在下，且舒雙足，西門慶披著紅綾被，騎在她身上，投那話入牝中，燈光下兩手按著她雪白的屁股，只顧搧打……。」也是「虎步」的性姿勢，卻因如意兒肥白的屁股勾起西門慶的淫虐癖，一邊幹還要一邊用手掌搧打。

◆◆◆

「虎步」時女性伏身拱起臀部，給有淫虐癖的男子一個「打屁股」的絕佳時機，西門慶在肏男僕韓道國之妻王六兒（第五十二回）、肏五妾潘金蓮（第五十回、六十一回、七十二回）時，皆以「虎步」之式大力拍打她們的屁股。

如第五十二回說：「西門慶……令婦人（潘金蓮）馬爬在床上，屁股高蹶，將唾津塗抹在龜頭上，往來濡研頂入……，口中呼道：『潘五兒，小淫婦兒，妳好生浪浪的叫著達達，哄出妳達達屣兒來……』良久，西門慶覺精來，兩手扳其股，極力而搧之，拍股之聲，響之不絕，那婦人在下邊呻吟成一塊，不能禁止……」

第六十一回說：「西門慶……騎在婦人（潘金蓮）身上，縱麈柄自後插入牝中，兩手兜其股，蹲踞而擺之，肆行搧打，連聲響亮，燈光之下窺玩其出入之勢。婦人倒伏在枕畔，舉股迎湊者久之。」

第七十二回說：「西門慶……于是令她（潘金蓮）吊（掉）過身子去隔山掏火，那話自後插入牝中，把手在被窩內摟抱其股，竭力搧磞的連聲響亮。」

「虎步」是原始的性交姿勢，以這個姿勢交歡的男女有擺脫禮教束縛的刺激，因而會打屁股、說髒話……，盡情展現內心深處的獸性。

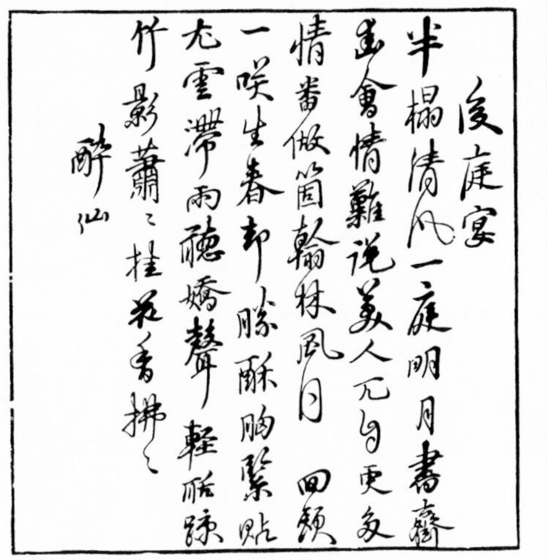

後庭宴

半榻清風一庭明月書齋幽會情難說美人兀自更多情番做個翰林風月　回頭一笑生春卻勝酥胸緊貼尤雲滯雨聽嬌聲輕聒疏竹影蕭蕭桂花香拂拂

醉仙

2-9　明朝木刻版畫《花營錦陣》的第十九圖，題作〈後庭宴〉，醉仙題詞云：「半榻清風，一庭明月，書齋幽會情難說。美人兀自更多情，番作個翰林風月。　回頭一笑生春，卻勝酥胸緊貼，尤雲滯雨，聽嬌聲輕聒，疏竹影蕭蕭，桂花香拂拂。」原來描繪的是以「虎步」之式採女子後庭花的情景。

「虎步」也是女性拒絕男子求歡、男子想用蠻力強行時最容易達到目的的姿勢之一。他只要把女人推倒在地，強迫她做出伏身挺股的姿勢，她的手腳四肢忙於支撐身體重量，就沒空抗拒抵擋從身後進襲的男人了。手腳掙扎抗拒從正面來的性騷擾十分有效，但是當性騷擾來自身後時，就一點也使不上力。在「素女九法」中，只有「蟬附」比「虎步」更容易讓男子用強得逞，其他七式都沒有這種便利。

明崇禎十三年西湖漁隱主人的《歡喜冤家》中，有個故事可爲「虎步乃用強之式」作證，第三回〈李月仙割愛救親夫〉說，李月仙爲救被誣陷下獄的丈夫王文甫，只好賣身改嫁郎二官；洞房花燭夜，二官見新娘子低頭落淚，安慰她說：「難怪妳這般苦楚，但今夜是妳我吉期，且省愁煩。」月仙無奈，只好解衣上床，面朝裡睡。書上說：「二官慾火難禁，那裡熬得住，將手去摟她轉來，奈月仙把雙手挽住床欄，不能轉動。二官急了，只得將物從後而前聳去，雖不得直搗黃龍，亦可略圖小就，不覺的嘖嘖有聲，非惟新郎情蕩，而月仙難免魂搖。二官道：『新娘合放手時須放手。』月仙『呼』的歎一口氣，兩手放開，二官摟得轉來，湊著卯眼提將起來……。」

這段文字說明了男人從女子身後用強，十之八九可以達成做愛的目的。

◆◆◆

「虎步」是偷歡男女在倉促中的最佳選擇。女子要偷情時宜穿長裙，長裙裡面什麼也別穿，想做愛時，伏身聳臀，一掀裙子就可以交歡，有人來時，立即起身就可以遮掩過去。

2-10　「虎步」是男子用強的理想姿勢，當男子身處女子背後，用蠻力性騷擾時，女子的雙手雙腳是使不上力，難以抗拒的，本圖可以為證。明末清初絹本春畫《家主戲環》。

晚明馮夢龍輯集蘇州民謠集《山歌》卷二有一首〈後門頭〉說：

結識私情後門頭，地上鑿槽（骯髒）弗好偷。姐道郎呀：你那了（怎麼）弗學染坊裡漂白布撓腰凸肚立子了攢，馬上加鞭背後抽？

說一對情人在家屋後門邊偷歡，嫌地上太髒躺不下去，女孩靈機一動說自己可以學母狗以四肢著地，翹起屁股，讓男孩站在身後，像染坊師傅漂白布那樣挺腰凸肚站著玩「虎步」之勢呀。

「虎步」還是玩女子後庭花時的理想姿勢，李漁《肉蒲團》第十七回裡，男主角未央生和香雲、瑞珠、瑞玉、花晨四名婦人尋歡，任意抽「春意酒牌」照酒牌所印的姿勢行房，「看到一張，只見一個少年女子伏在太湖石上，聳起後庭，與男子幹龍陽之事。三個看了，一齊掩口而笑道：『這是甚麼形狀？爲何丟了乾淨事不做，做起齷齪事來？』……」

《別有香》第四回〈潑禿子肥戰淫孀〉說淫僧了空與孀婦萬氏幽歡，「了空……又令婦立床邊，從後進具深送。……了空摸摸屁眼道：『此味也要嘗嘗。』婦道：『試之。』了空滑滑就突進二、三寸，婦叫苦。了空道：『我當初不知苦了多少。』（指他當小沙彌時常遭師父本如和尚雞姦）。」

2-11　以「虎步」之勢交歡的春畫中，有幾幅出現小孩子在場的畫面。此圖一方面說明母親與妻子的角色有時難以面面俱到，一方面也說明「虎步」是情況倉促時可行的性姿勢，只要把長袍放下，即可迅即遮掩瞞人了。清中葉春宮畫。

正大光

因爲女子伏身舉臀任男子雲雨時，一不小心男陽就可能誤捅屁眼，所以若不是存心要肛交，以「虎步」之式行房時，男子千萬不可大意一味求狠求快、大力猛搗。

「虎步」也適合身材比較肥胖的男女在交歡時使用，因爲不會把過重的身子壓在對方身上，讓人吃不消。

清初馮夢龍輯《笑林廣記》卷四「形體部」有一則〈胖子行房〉說：

夫婦兩人身軀肥胖，每行房輒被肚皮礙事，不能暢意。一娃子云：「我倒傳你個法兒，須從屁股後面弄進去，甚好。」

夫婦依他，果然快極，次日見娃子，問曰：「你昨教我的法兒，是哪裡學來的？」答曰：「我不是學別人的，常見公狗母狗是那般幹。」

這則笑話隱約透出訊息說：人們對「虎步」還是採取鄙視的態度，因爲「公狗母狗是那般幹」。

最後，久婚不孕的婦女，多多採行「虎步」之式做愛吧，因爲女子擺出這個姿勢時，子宮頸口是朝上的，可以大量承接男人射出聚集在陰道末端的精液，它是「素女九法」中最容易讓女人受孕的一法。

2-12　傳為清中葉畫家改琦繪《正大光明》。江南園林太湖石旁，一女子伏枕翹臀，男跪其後，聳陽尋歡，畫工纖麗，是「虎步」的標準姿勢。改琦是清中葉江蘇松江人，畫學唐伯虎、仇十洲，於嘉慶七年曾臨摹仇十洲的《百美嬉春圖》卷，又有《紅樓夢圖詠》傳世，證明他很有功力和興趣完成這一套十開的春宮畫。

九法之三

猿搏

女仰男跪，
男肩其腿，
前入位，
像猿猱攀樹。

第三曰：「猿搏」

令女偃臥，男擔其股，膝還過胸，尻背俱舉，乃內玉莖，刺其臭鼠。女還動搖，精液如雨，男深案之，極壯且怒，女快乃止，百病自愈。

第三法名叫「猿搏」。

要訣是：女子仰躺，男人面向女子，用雙臂或兩肩扛起她的雙腿，使她雙膝高度過胸，屁股和後背都懸空離蓆；而後將陽具插入，衝刺陰道六寸深的臭鼠部位，女子就會快活地不停搖擺，愛液如雨滴出，男子再深深插入，陽具更加堅挺硬壯，等女子達到高潮後就停止動作，可使她百病消除。

明朝嘉靖末年《素女妙論》一書中也有「九勢」，第三式「猿搏勢」說：

令女人開起兩股，坐在男子兩腿上，牝門開張滑滑，插玉槌數扣陰戶，次行九淺五深之法。女子噥噥不休，津液溢流，男子固濟陽匱而不泄，百痾忽除，益氣長生，不飢。其法如猿狖傳枝取果實之狀，最以快捷為妙。

3-1　明末清初絹本春畫《耍猴人》。耍猴戲走江湖賣藝的夫妻一時興起，在林間路旁以「猿搏」之式交歡。男子雙肩扛著妻子雙腿奮力前衝，妻子散懷倚樹、一派悠閒，真可謂「藝高人膽大」。一旁的猴子頑皮地伸腳想去攪局，成為畫面上有趣的焦點。全畫用色蒼茫，線條古簡，有晚明的裝飾性畫風。

《素女妙論》上的「猿搏」稍有不同，《素女經》描述的姿勢是男扛女腿（俗稱「老漢推車」）、女臀懸空，而《素女妙論》則是要女子仰臥岔開雙腿，把屁股擱在跪坐男子的大腿上，成爲女上位，這樣的姿勢會讓男陽插得更深入，使女子呻吟不止、津液溢流；《素女經》沒提交合時幾淺幾深，只說要待女子高潮後才停，《素女妙論》卻說以「九淺五深」之法交合，沒說何時結束；《素女經》說此式可令男陽「極壯且怒」，《素女妙論》則說此式可助疲弱之男子保持不洩，百病消除。

「狖」音「又」，是一種黑色的長尾猴，說這個姿勢像猿猴爬到樹枝（女子雙腿）上取果實（女陰似水蜜桃），抽送動作要快迅才好。從《素女妙論》用「猿傳」也可知「猿搏」應當是傳抄之誤，因爲「傅」是附的意思，說男抱女腿如猿附枝，而不是兩猿相互搏鬥。

3-2　柳垂綠蔭、繡球花開的仲夏時節，一對男女在庭院的涼蓆上交歡。男子雙手擎起女子的腿彎，把她屁股抬高，正是「猿搏」之式。坐在靠背椅上的女子，雙股貼在男子大腿上，倒與《素女妙論》書上「猿搏勢」要求「女人開起兩股，坐在男子兩腿上」不謀而合。此畫精麗絕倫，是中國春宮中難得的佳作。清朝康熙年間春畫。

3-3　此圖與圖3-2為同一套冊頁中的另一開。以「猿搏」之式交歡的男女，因女子坐躺在醉翁椅上，男子可以站著行房，扭腰擺臀比前圖蹲跪式要省力便捷得多。椅旁左側為古時投壺之具，站在遠處持箭投向壺口或壺耳，以投入為贏，可為男女敦倫的前戲。清朝康熙年間春畫。

稍晚於《素女妙論》的《僧尼孽海》，書中提到的元朝西番僧「雙修法」九勢之三「猿博勢」又稍有不同：

女開股仰臥，男以腿壓其上，陰戶拍開，乃入玉莖，行九淺六深之法，女津流通，男根堅固。

《僧尼孽海》要男子以腿壓著仰臥女子張開的大腿上，女子的屁股和後背顯然要貼住床蓆了，這是它與《素女經》不同之處；但只要女子一雙小腿是擱在男子的上臂或肩頭，都可以歸入「猿搏」之式，男腿與女臀可以互不相觸、可以女臀在男腿上、也可以男腿在女股上，規定不必那麼嚴謹。

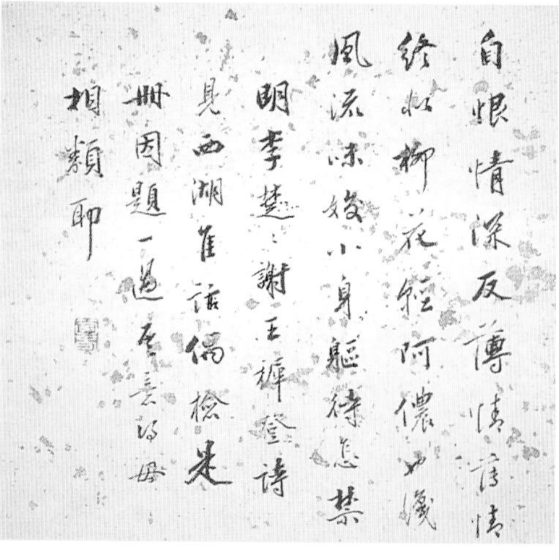

3-4　一老者與少艾偷情，少艾之幼子在旁哭鬧攪局，老者忙中持波浪鼓逗哄之；右側門扇半開，一中年婦女探首，似為老者之妻。題詞云：「自恨情深反薄情，薄情終如柳花輕；阿儂也饞風流味，姣小身軀待怎禁。」老翁似為少艾之公公，此類「扒灰」亂倫之事在古代頗不罕見，笑話書上屢屢嘲諷之。清朝中葉絹本春畫。

「猿搏」是人類由「虎步」演進到「龍翻」後，自然而生的變化，因爲有些女子陰戶生得低下，仰躺交合時嫌不易到位，得在屁股下墊個枕頭，而把女子雙腳扛上肩臂，屁股自然懸空抬高，作用和股下墊枕是相同的。這就是俗話所說的「窮則變，變則通」。

馬王堆出土的竹書《合陰陽．十節》，已有「爰（猿）據」之勢，應當就是後來「素女九法」的「猿搏」，而「據」是居、占的意思，再次證明「猿搏」應是「猿傅（附）」之訛。

「猿搏」之勢在中國一直爲人們所愛用，因爲它使女人牝戶升高而凸出，便於深入交合、直搗花心而收事半功倍之效，只不過因爲《素女經》久佚中土，流傳不廣，人們才以別的名稱來稱呼這個古老的做愛姿勢。

玄溟鵬翥

這是唐朝初年性學醫籍《洞玄子》一書的說法，從字面上解釋就是「黑海鵬飛」，以女子斜張高置於男子肩臂的雙腿比喻爲大鵬展翅。《洞玄子．卅》第二十六「玄溟鵬翥」說：「令女仰臥，男取女兩腳，置左右膊（上臂近肩頭部位）上，以手向下抱女腰，以內玉莖。」文字簡明精確，不煩贅釋。

掮藕

女子一雙白腿好似嫩藕，猿搏時扛在男子肩頭就好像掮藕一般，這是明朝時江南人的說法。

在晚明馮夢龍輯集蘇州民謠集《山歌》卷二中，有一則〈立秋〉說：「熱天過子（了）不覺咦（又）立秋，姐兒來箇紅羅帳裡做風流，一雙白腿扛來郎肩上，就像橫塘人掮藕上蘇州。」橫塘鎮在蘇州府城西邊，屬吳江縣治，以產藕著稱，所以有此歌謠流傳。

晚明短篇小說集《歡喜冤家》第三回〈李月仙割愛救親夫〉裡，也有「掮藕」之例，書中說章必英與情婦李月仙久別重逢，「二人上樓對飲，各道別後相思。自古新婚不如久別，也等不得天晚，二人青天白日倒在床裡雲雨起來，怎見得：口內甜津糖拌蜜，酥胸緊貼漆投膠，兩腿上肩如獲藕，一雙陰子（睪丸）似投桃……」玩的正是「猿搏」之式。

「掮藕」是比較含蓄文雅的講法，還有些人逕稱此式爲「掮腳」。清初刊本《笑林廣記》有則笑話〈掮腳〉說：「新人初夜，郎以手摸其頭而甚得意，摸其乳腹俱歡喜；及摸下體不見兩足，驚駭問之，則已掮起半日矣。」這個笑話旨在嘲諷新娘子性慾強烈、經驗老到，雙腿不待丈夫來扛，已早先抬起，是在古代沒有電燈、暗中摸索的特殊背景下發生的誤會。

順水推船

晚明人李漁《肉蒲團》第十七回說男主角未央生和四個美女玩抽春意酒牌，書上說：

> 香雲道：「如今臨著我了。」就揭起第二張，拿來一看，只見一個婦人睡在春凳頭上，男子立了，把她兩腳放在肩頭，兩隻手抵住春凳，用力推攘，叫做「順水推船」之法。香雲也把酒牌呈過了堂，就睡在春凳上去，與未央生摹倣成式。她那種浪法更比瑞珠不同，順水之船既容易推，則順船之水也容易出，船頭上的浪聲與船底下的浪聲一齊澎湃起來，你說好聽

3-5　這也是一幅媽媽偷情、兒子攪局的春畫。少婦情人來家偷歡，帶來許多玩具零食巴結情婦的小兒子；小孩不領情，置之於地下不顧，拉著野男人的長髮辮，不准他跟媽媽玩「順水推船」，拉得男子小船出港，少婦又忙將小船導入港中。清朝中葉絹本春畫。

不好聽？聲響既然好聽，面目必有可觀……

「順水推船」中的「船」指男陽，這種稱法把描繪的重點直接放到性器官去了，惹人遐思。

懶漢推車

清初章回小說《姑妄言》第二十三回裡，作者曹去晶說土財主易于仁貪淫腎虧，妻妾袁氏、焦氏不守婦道，與家奴苗秀、谷實偷情，書上說：「袁氏見谷實還跪著呢，說道：『……你同焦氏弄弄去。』谷實雖不愛她，奉主母之命，不敢不遵，也就跳起身來。焦氏忙自己扯去褲子。谷實將她按在一張破椅子上，焦氏兩足大蹺，谷實將她腿夾在肋下，做一齣『懶漢推車』的故事。」

書上接著還用雙排小字附插一則笑話說：「偶憶一笑談：一偷兒入人室，正值夫妻行房，聽得婦問道：『這叫個甚麼名色？』夫答道：『這是「懶漢推車」。』少刻，其妻淫聲浪語、

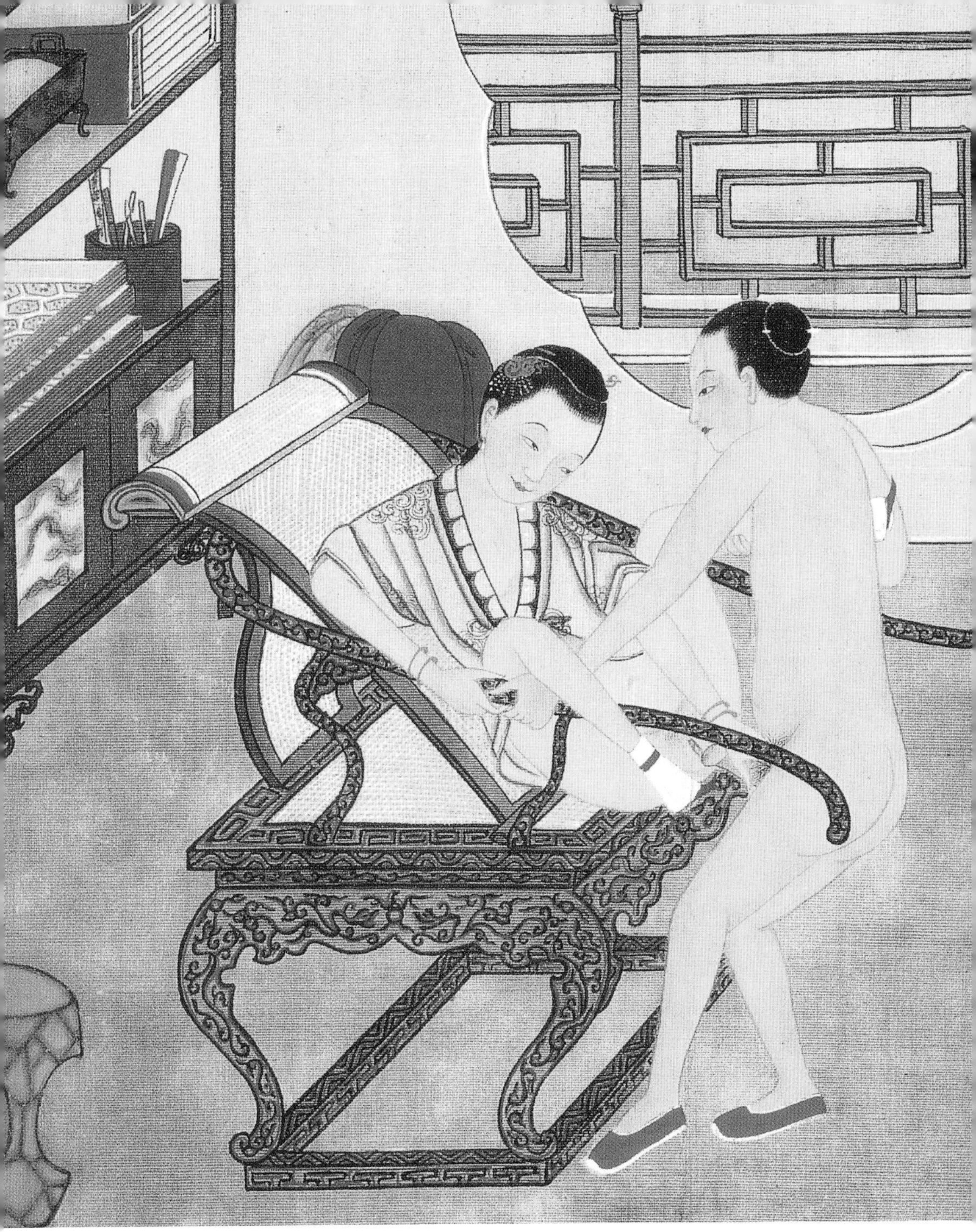

3-6　清朝中葉絹本春畫，這套冊頁共十二開，為仿明式春宮。畫中女子坐在醉翁椅上，男子站在椅前，將女子左腳夾於肋下，以「老漢推車」之式交歡。醉翁椅是古代中國專為雲雨交歡而設計之情趣椅，一如今日賓館的「八爪椅」，取其「醉翁之意不在酒」而得名；椅背斜曲可調整斜度，有長條扶手可變成躺椅為其特徵。醉翁椅為中國南方的傢俱，並流傳至整個東南亞。

哼哼叫笑。偷兒忍耐不住，急得滿地亂走。其夫聞得大駭，說道：『那裡腳步響？』偷兒道：『是走路的。』其人詫道：『你如何在人屋裡來走路？』偷兒道：『你在床上推得車，難道屋裡走不得路？』」

這是個很新鮮的、在其他所有笑話書中都沒見過的高級幽默，但也是只在沒有電燈、百姓人家往往熄燭摸黑就寢的古代才有可能發生的故事。

「懶漢推車」一詞中的「車」指女人，她的一雙腿讓男人擎住或夾在兩肋下，很像漢子推著車把，但只推而車不動，所以稱「懶漢」，有些地方稱此式爲「老漢推車」，音近也解釋得通，說男子老了，沒力氣把「車」推動前行。晚清竹溪修正山人《碧玉樓》第五回中稱此式爲「霸王推車」，民初性學醫典《愛情秘記》書中〈時髦的性交姿勢〉裡稱此式爲「鬼佬推車」，名稱都差不多，意思卻差多了。

值得注意的是，同一姿式稱「推船」或「推車」，顯示出流行地域的不同；因爲地理環境的關係，「南船北馬」是南北各異的交通方式，所以江南人說「順水推船」、北方人說「老漢推車」。《肉蒲團》裡用「順水推船」，作者李漁是江蘇如皋人；《姑妄言》裡用「懶漢推車」，作者曹去晶是三韓（遼東）人，也可印證我們的這種分析。

餓馬奔槽

前引《肉蒲團》一書中對「猿搏」之式還有另外一個名稱叫「餓馬奔槽」，這是把怒昂的陽具比喻成餓馬，把牝戶形容成馬槽，交歡的動作便成了餓馬奔槽般奔撞。

《肉蒲團》第三回裡，男主角未央生與妻子玉香一同觀賞趙子昂的春畫冊頁，以此調情助

3-7　一對男女在書齋的雲母石圍屏羅漢床前交歡。男子一手擎著婦女的三寸金蓮，一手導陽入陰；婦女手持巾帕備拭，以逸待勞。三寸金蓮在明清時是女人的性感帶，乳房反而不是突出的重點，圖中男子的雙乳甚而還大過女性，可以為證。清朝中葉春畫。

3-8　清乾隆初年徐莞作品。徐莞以工細的筆觸，描繪一對男女在園林屏風前的華麗織錦上，以「猿搏」之式交歡。「令女偃臥，男擔其股，膝不過胸，尻背俱舉」，與《素女經》上的描述十分近似。屏前方桌上攤開的畫冊，依稀可辨是套春宮冊頁，暗示這對戀人是在觀賞春畫的刺激下，情不自禁地脫衣尋歡。

輿。書上說：「未央生……就扯一把太師交椅自己坐了，扯她（玉香）坐在懷中，揭開春宮冊子，一幅一幅指與她看。……第四幅乃『餓馬奔槽』之勢，跋云：『女子正眠榻上，兩手纏抱男子，有如束縛之形；男子以肩承其雙足，玉麈盡入陰中，不留纖毫餘地。此時男子婦人俱在將丟未丟之時，眼欲閉而尚睜，舌將吞而復吐，兩種面目，一樣神情，眞化工之筆也。』」

◆◆◆

「猿搏」之式只說女子仰躺、男擔其股，沒說清楚扛著女子大腿的男子是站立還是蹲跪；但是唐朝以前，人們大多席地而臥，胡椅胡床的高度都不過一尺左右，《素女經》是漢朝時候的作品，描述女人仰躺時，自然是躺在鋪著蓆子或毯子的地上，就算「膝還過胸，尻背俱舉」，牝戶高度依舊有限，扛腿的男人只能採取蹲跪的方式，使陽具與陰戶同高。

《姑妄言》第五回說富豪姚澤民與父妾丹姨、芍姐亂倫時，「姚澤民……扶著二人一同上床，……先將丹姨扛起腿來就弄」，就是跪著交歡的。後來他與父妾桂姨也用同樣的姿勢亂倫，嫌桂姨牝戶生得低下，還在她屁股下墊個枕頭：「姚澤民……將她臀兒墊起，兩足夾於肋下，這一場弄足有千餘，把桂姨弄得四肢癱軟……」

「猿搏」時如果男人得蹲跪著弄，時間稍久，血液循環不良，便容易腿痠腳麻，影響男子的表現；唐宋以後，座椅床榻的高度增加了，女人躺在醉翁椅、春凳或床榻邊，男人便可輕鬆地扛起她的雙腿站著行房，沒有牝戶高低問題，不用在女子臀下墊枕，站著也比蹲跪更容易擺動臀部，讓男子抽送得更快速持久而不覺疲累。在仿唐式日本榻榻米上做愛，遠不如現代西洋彈簀床邊，道理是顯而易見的。所以宋朝以後，不論是春畫或小說，描繪男子以「立式猿搏」的圖文資料，遠遠多過於跪式。

像《歡喜冤家》第九回〈乖二官偏落美人局〉說：「二官……把二娘推在一張椅兒上，將兩腳擱上肩頭便聳。」

又如清朝竹溪修正山人《碧玉樓》第五回說：「吳能……站在床前，將碧蓮白生生的腿兒一分兩開，兩手揑著兩隻金蓮，說：『嬌嬌，我與妳幹個「霸王推車」罷。』說著說著，那陽物直挺挺的就肏進去了，緊抽慢送百十回合……」

寢具影響做愛品質，在「猿搏」一式中特別顯而易見。

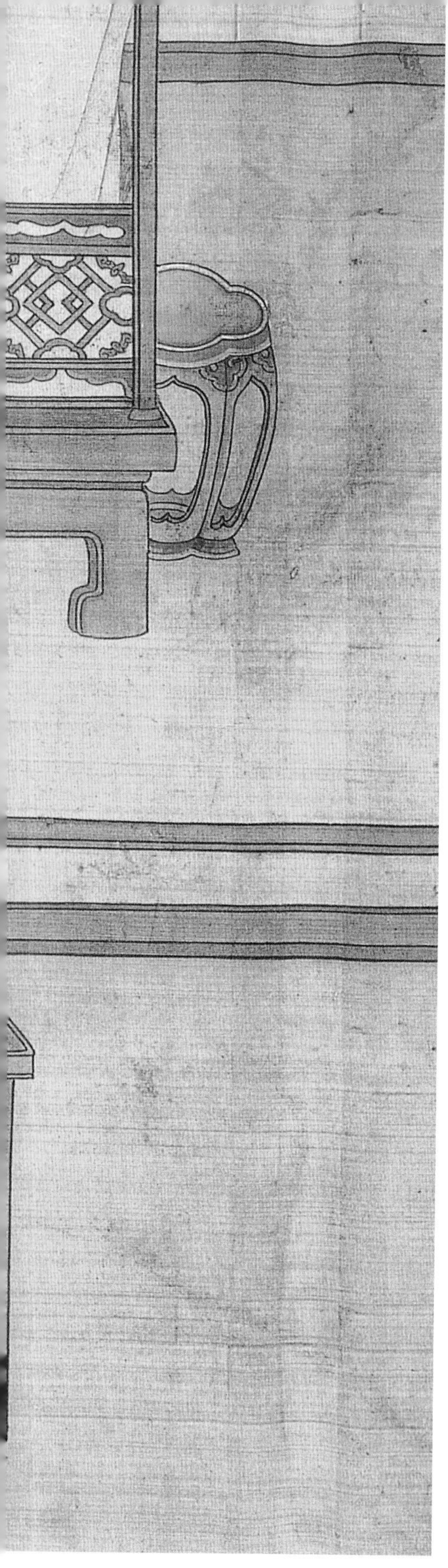

3-9　清乾隆初年徐莞作品，與圖3-8為同一套冊頁的另一幅春畫，場景改為室內榻上，仍是「猿搏」之式，男子嫌仰躺的女子牝戶太低，將方枕墊於她的後腰。

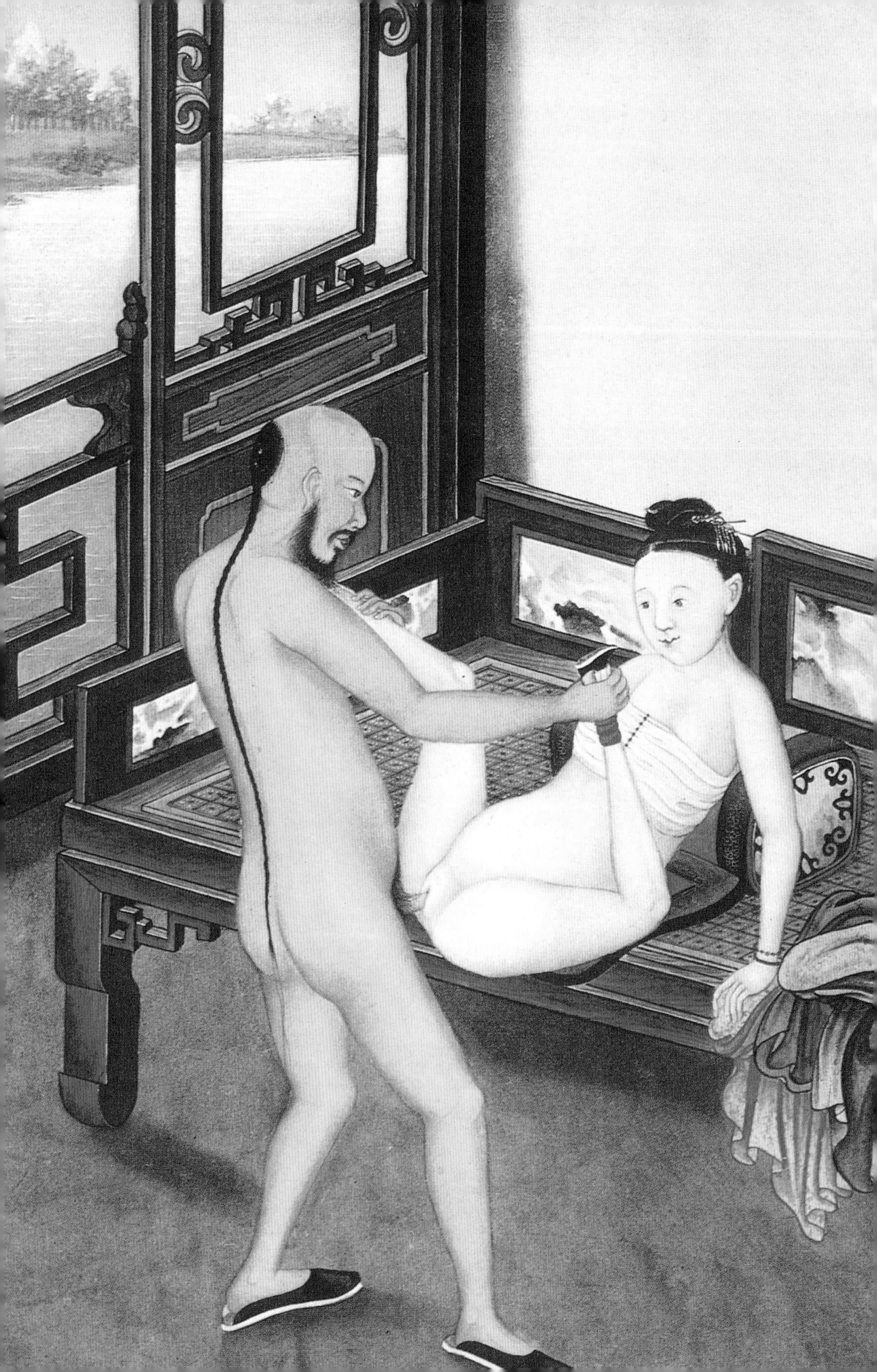

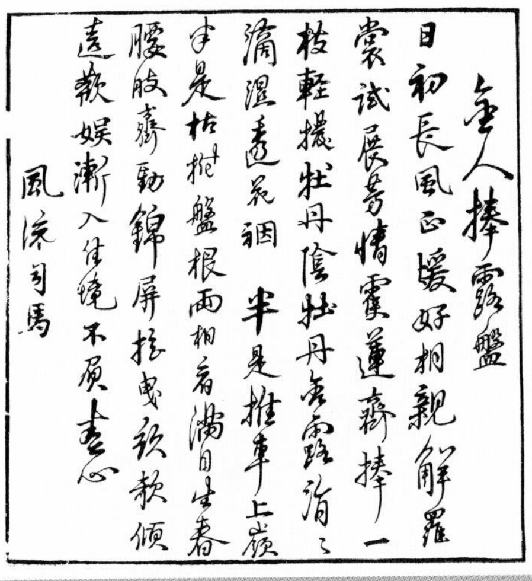

金人捧露盤
日初長風正暖好相親解羅
裳試展芳情雙蓮齊捧一
枝輕撥牡丹陰牡丹含露涓涓
滴濕透花裀 半是推車上嶺
半是枯樹盤根兩相看滿目生春
腰肢齊動錦屏搖曳欲欹傾
這歡娛漸入佳境不負春心
風流司馬

3-11　《花營錦陣》第七圖。女子裸身靠枕仰躺於畫案上，屁股置於案沿，全裸男子在案邊，用雙手抬舉女子小腿，以「老漢推車」之式交歡。

其後風流司馬題跋〈金人捧露盤〉云：「日初長，風正暖，好相親。解羅裳，試展芳情，雙蓮齊捧，一枝輕撥牡丹陰。牡丹含露涓涓滴，濕透花茵。　半是推車上嶺，半是枯樹盤根，兩相看，滿目生春。腰肢齊動，錦屏搖曳欲欹傾，這歡娛，漸入佳境，不負春心。」

3-10　一樣的「猿搏」之式，圖中男子站著聳動腰股時就靈便快捷多了，可以更持久而不疲。注意圖中男子正一邊敦倫、一邊把玩女子的三寸金蓮。清朝乾嘉年間春畫。

「猿搏」一式最適合大腿豐勻、小腿修長的女性，在纏足盛行的宋、元、明、清四朝，「猿搏」也是在交歡時最便於賞玩女子三寸金蓮的性姿勢，這使得「猿搏」之式可以在「素女九法」中名列流行排行榜的第四名（前三名分別是龍翻、虎步與魚接鱗）。

《金瓶梅詞話》第七十五回裡說，西門慶的三妾孟玉樓生得一雙修長柔嫩的白腿，西門慶就以「猿搏」之式與她交歡：「西門慶……慢慢搊起這一隻腿兒，跨在肐膊上，摟抱在懷裡，揝著她白生生的小腿兒，穿著大紅綾子的繡鞋兒，說道：『我的兒，妳達達不愛妳別的，只愛妳這兩隻白腿兒，就是普天下婦人，選遍了也沒妳這兩隻腿兒柔嫩可愛。』……那西門慶抱定她一隻腿在懷裡，只顧沒稜露腦，淺抽深送……」

在春宮畫上，和婦女以「猿搏」之式交歡的男子一邊聳動下身、一邊捏玩嗅咬著女子三寸金蓮的情景也頗不少，他們都是追求雙重享樂的性愛高手，也給女性提供了雙倍的刺激。可以說「猿搏」是「素女九法」中最能讓男子雙手自由發揮的姿勢，可以輕鬆地將做愛中的女子從頭到腳撫摸個遍。

一般而言，女性的性高潮都來得比男性遲緩，有早洩之虞的男子除了做足前戲、先將冷水煮到半開之外，交合時更別忘了用手口同時刺激女子的性感帶，而「猿搏」就是最佳選擇。

3-12　大戶人家的穀倉中，碓穀的長工碰上投懷送抱的少奶奶，只有「恭敬不如從命」，就在穀倉裡偷歡了。少奶奶仰躺在方案上，任長工扛著她的雙腿，以「猿搏」之勢交媾，她伸手撫著他的額頭，好像安慰他說：「辛苦你了！」女子沒有纏足，似為南方客家婦女。右後方的木碓為去稻殼的舂器，比更古早時置稻穀於臼中，持杵搗舂的方法來得省力。清中葉紙本春畫。

九法之四

蟬附

女平俯在下，
男伏女背後，
後入位，
像寒蟬棲樹。

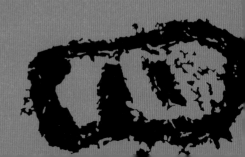

第四曰「蟬附」。

令女伏臥，直伸其軀，男伏其後，深內玉莖，小舉其尻，以扣其赤珠，行六九之數，女煩精流，陰裡動急，外為開舒，女快乃止，七傷自除。

素女九法的第四式稱「蟬附」。

要訣是：女子朝下俯臥，兩腿伸直，男子趴伏在她的背上，將陽具深深插入後，略略抬高女子臀部，用手摳弄她的赤珠（陰蒂），共抽送五十四下，等女子春情蕩漾，淫津流溢，陰道顫動，陰戶大開，達到高潮時便停止動作，能消除陰寒、陰萎、裡急、精連連、精少陰下濕、精清和小便苦數頻、臨事不卒等七傷之疾。

《素女妙論》卷二〈九勢篇〉的第四式稱「蟬附勢」：

令女人直舒左股，而屈右股，男子踞其後，曳玉如意叩其赤珠，行七深八淺之法；紅毬大張，快活潑潑，極活動之妙，通利關脈，久久利人。其法如金蟬抱樹，吸露清吟之狀，只含蓄不吐。

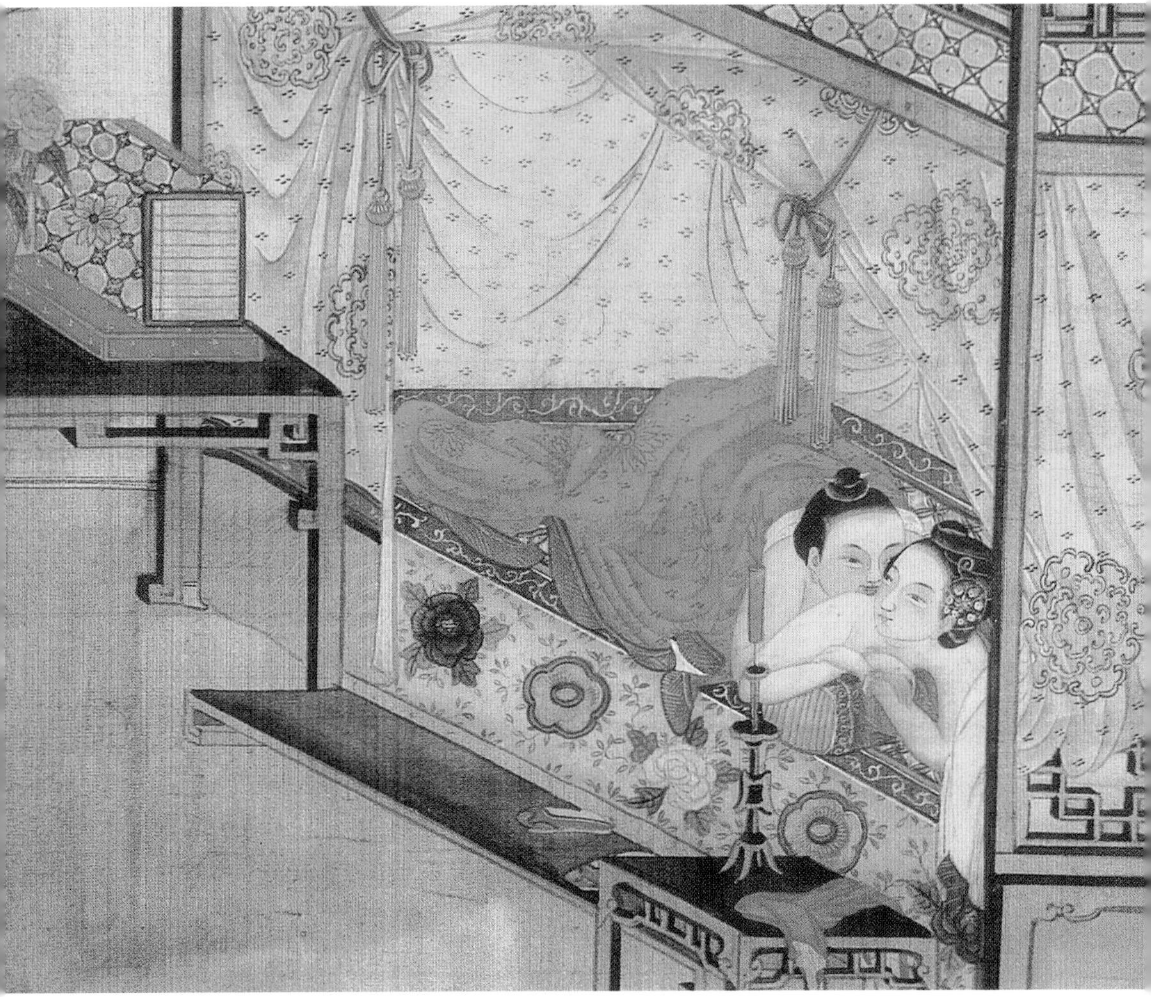

4-1　明朝萬曆年間春畫《洞房花燭夜》。一對恩愛的新婚夫妻在方環圍衣罩架子床上敦倫。時當春宵良夜，床頭方几紅燭高燒，新人以紅綾喜被遮著赤裸的身體，新娘俯伏在床，雙臂搭枕，神情有些緊張不安，新郎俯伏在她背上，悄聲細語安慰，身後臀部的紅綾被高聳，顯示新郎此際正欲「深內玉莖」。這是標準的「俯臥式蟬附」，與《素女經》上「令女伏臥，直伸其軀，男伏其後，深入玉莖」的描述完全吻合；這樣的春畫在中國非常少見，因為沒有把私處畫出來，不太像春宮畫，不符合市場需求。

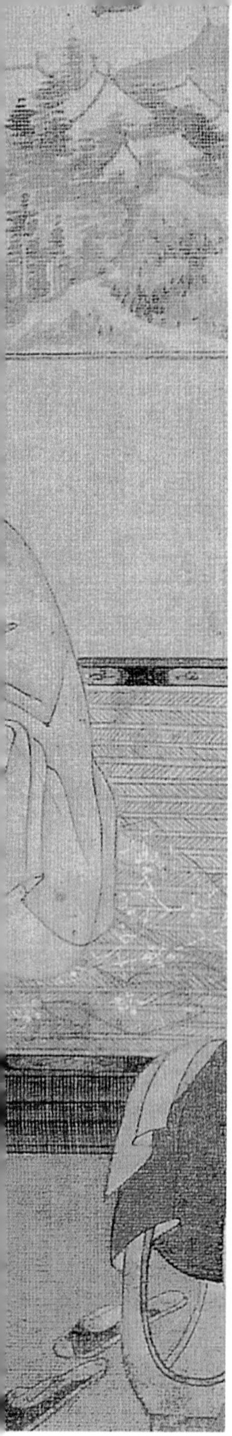

《素女妙論》與《素女經》最大的不同是規定女子俯臥時要屈一腿、伸一腿，男子岔腿跪踞在她股後伸直的大腿間，而不是女子平身俯臥、男子俯壓在她背上。因爲男子是跪著的，得將身子向前弓，才能貼附女子的後背而與「蟬附」名實相符，而又不致於與「虎步」相混淆；在「虎步」中，女子是俯跪兩膝，男跪其後而不以上身前傾去貼附女背，兩者姿勢有些相似，都是後進位，但仍有些許不同。

晚明《僧尼孽海》乾集〈西天僧西番僧〉裡的「演揲兒法」（雙修法）九勢之四稱「蟬附勢」說：

> **第四，蟬附勢。婦人側臥，直伸左股，曲右股，男子從後投入玉莖，叩其玄珠，行七淺四深之法。女陰翕張，男根暢美。**

《僧尼孽海》中的「蟬附勢」與《素女經》不同之處是，女子側臥而非俯臥，伸一腿屈一腿而非直伸兩腿，當女子擺出這個姿勢時，男子可以側臥在她身後，將陽具由兩股間聳入。

三處的「蟬附」都不完全相同，差異在女子的臥姿，或俯臥伸直、或俯臥屈一腿、或側臥

4-2　清朝康熙年間顧見龍《午睡》圖。夏日午後，一綠衣婦女靠琴伏書側臥於矮榻涼蓆之上。伏暑酷熱，荷花盛開，貪涼的婦女下身只披著一襲薄紗，直伸左腿而屈右腿的睡姿讓私處隱約可見，引起登徒子覬覦之心，悄悄脫鞋登榻，蹲踞於後，揭起紗巾準備偷香。男子是婦女的丈夫？情人？還是雇用的長工？引人好奇。婦女未曾纏足，也是十分特殊之處，暗示她是客家婦女。
此圖與《素女妙論》中的「蟬附勢」：「令女人直舒左股而屈右股，男子踞其後，曳玉如意叩其赤珠。」完全符合，是「俯臥式蟬附」的標準圖例。顧見龍，清初蘇州人，其人物畫精妙無比，被世人譽為仇十洲再世。

屈一腿，但男子總是以胸膛貼靠著女子背部，像玄蟬附於樹幹，以後入位方式交合。我們可以將《素女經》和《素女妙論》兩書中的「蟬附」稱作「俯臥式蟬附」，而《僧尼孽海》的「蟬附」稱作「側臥式蟬附」，就不會混淆不清了。

◆◆◆

「蟬附」是由「虎步」變化而來，當跪立在女子股後交合的男子想要撫玩女子雙乳或親吻她的紅唇時，自然得把身子往前弓，貼附在女子背上，就成了「蟬附」之勢。因此「虎步」有多悠久，「蟬附」的歷史就一樣長。

西漢初竹書《合陰陽》上面有〈十節〉、〈天下至道談〉也講到「十勢」，緊接在第一勢「虎游」之後的第二勢就是「蟬柎（附）」，雖然沒有詳說其姿勢動法，但相信就是後來《素女經》九法中的「蟬附」，兩者順序相連也說明了彼此相似又略有不同的變化關係。

在初唐佚名方士的《洞玄子》書中「卅法」裡，第二十二法稱「玄蟬附」，指的就是先秦時的「蟬柎」和漢朝「素女九法」之四的「蟬附」。《洞玄子》的「玄蟬附」說：

令女伏臥而展足，男居（踞）股內，屈其足，兩手抱女項，從後內玉莖入玉門中。

如果男子跪踞在俯臥女子平伸展開的雙腿間，想要兩手摟抱女子的脖子，勢必要趴伏在女子背上，而不能直身正跪，這就完全符合了「蟬附」如蟬附樹的要求，可見唐朝時的「蟬附」還

4-3　初夏時節，牡丹盛開，一對男女全身赤裸地在花園裡交歡。女子俯靠太湖石，側身屈左腿，男子俯靠在她身後，以「蟬附」之式聳陽入牝，右手還自下方伸過來，握著女子的金蓮。春畫雖完成於清朝，畫中男女的穿扮卻是宋明時代傳統漢族的習俗，男子盤髻藍巾裹而非前剃後辮，足登唐式雲頭履；女梳同心髻、插翠簪，腳上紅地綠邊矮幫式弓鞋流行於安徽徽州一帶，為此畫創作背景提供了一絲線索。清朝嘉慶年間春畫。

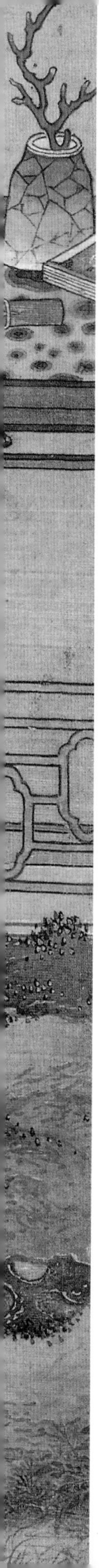

沒有太走樣。

《洞玄子》卅法之二十八「貓鼠同穴」似乎也是「蟬附」：「男伏女背上，以將玉莖攻擊於玉門中。」但如果在此式中，女性仍是伏臥在地的話，就與「玄蟬附」完全相同了，沒有道理把一個姿勢取兩個名字，稱爲不同的兩法，因此「貓鼠同穴」中的女子可能是靠坐在男子懷中，男人從背後伏摟著她，將陽物朝上頂入女陰中；我們可稱此式爲「坐懷式蟬附」。

至於爲什麼取名「貓鼠同穴」，有些費解，大概是以貓喻男陽，交合時「貓入鼠穴」而與鼠同居一穴的意思吧。然則，哪一個性姿勢不是「貓入鼠穴」呢？取名「貓鼠同穴」就失去了要突出這個性姿勢特色的意思，變得毫無意義。

◆◆◆

在數十種明清色情文學裡上千處的情色描繪現場，以「蟬附」之式交歡的情景非常罕見，我只找到兩個例證，一是《桃花影》，一是《鬧花叢》。

清康熙年間檇李煙水散人的《桃花影》敘述明憲宗成化年間，松江府華亭縣十七歲的俊俏書生魏玉卿赴金陵應試秋闈，遭借宿屋主邱慕南（取名「好慕男風」之意）趁醉雞姦，事後以其妻花氏陪宿作爲交換；魏玉卿便與飢渴的花氏恣意交歡，書上第六回說：

4-4　清乾隆初年徐莘作品。江南園林蠟梅盛開，一對全裸的男女正在書齋內以「蟬附」之式交歡，女子弓身伏首於圓矮桌上，任男子自身後聳陽而入。春寒料峭，圓桌旁一盆熊熊炭火卻把屋內烘得十分暖和，春意盎然。這套冊頁共十二開，人物背景均繪製得極為精細考究，是十分難得的佳作。

……是夕，玉卿就留在房內與花氏對飲，恩若夫妻，諧謔備至。……花氏……遂令侍婢燒湯浴體，挽手就榻。只見月光照入，兩人皓體爭妍，竟與雪玉相似，遂將麈柄插進，急一會，慢一會，足足抽了千餘，復令花氏翻身覆在蓆上，卻從臀後聳入，徹首徹尾，又有二千餘抽。花氏體顫聲微，鬢鬟雲亂，嘻嘻笑道：「郎君顛狂至此，豈不害人性命？……」

這是很明確的「蟬附」之式，屬於「俯臥式蟬附」，與《素女經》上的描繪完全符合，只沒有詳說在抽送之際有沒有用手去撫弄花氏的陰蒂，而且抽送的次數不是五十四下，而是二千餘下，並且在花氏體顫聲微、快活欲死之際，並沒有照素女的要求結束交歡，而是「又令掇轉身來，伏在腹上，四臂交摟，舌尖吞送，既而盡力一頂，不覺情波頓溢矣」，以「龍翻」之式一瀉如注後才停。

此外，在清朝初年姑蘇癡情士所寫的章回小說《鬧花叢》第三回裡，說劉狀元府中園丁安童懷藏春宮勾引婢女春梅，事發被送到老夫人處，夫人揭開一看，第三幅是：

女子俯身而臥，將那後庭掀起，兩股推開，男子俯伏肩背，以龜頭塞入陰戶，一進一退，弄個爽利，這謂之「隔山取火」。

描述的也是「俯臥式蟬附」，名稱卻叫「隔山取火」，「隔山取火」不是「虎步」的別稱嗎？這是怎麼回事？其實，「隔山取火」是「隔著屁股把陽具探入火爐」之意，只要是後進位的姿勢，都是「隔山取火」，所以「虎步」可取此名，「蟬附」同樣可以，並沒有什麼差錯。

4-5　很別緻地畫一對男女在共騎的馬背上以「蟬附」之式交歡。清朝初年時，中國春畫畫壇有一派專描繪八旗軍士在馬背上做愛的春畫，但至清中葉以後，隨著八旗軍士的怠惰，軍力廢馳，騎術越來越不講究，騎馬成了一種「概念」，這幅春畫的作者繪技雖在水準之上，但完全沒考慮到畫中男子以那樣的跪姿是一秒鐘也沒法待在馬背上的，因此這幅畫也可能只是個馬虎的臨摹本。清朝中葉佚名畫家作品。

4-6　這是一張畫技粗疏之作，在圍桿式架子床上雲雨的男女，正以「側臥式蟬附」交歡。男子後進位看不到做愛女子的面孔表情，是「蟬附」的一個缺陷。清中末葉佚名紙本春畫。

《笑林廣記》裡，有一則〈我也擠他〉，也把「側臥式蟬附」取名為「隔山討火」：

一人久客在外，多年未回，忽然歸家，兒子均已長大，見他父親，竟會認生。到晚間上床，不免雲雨，因礙著兒子在傍，又不敢暢所欲為，只好在婦人身後作「隔山討火」之式，被小兒子看見，說：「媽媽，今日來的是哪個？為何在妳身後頭擠妳呢？」他媽媽說：「兒子不要害怕，你看媽媽也去擠他。」

此外，中國古典色情文學中就再難找到以「俯臥式蟬附」之式交歡的例證了，只有清末民初流傳於雲南彌渡的山歌裡，有首歌有一點「蟬附」的意味：

小妹——
過河過水哥背妳，心甘情願妳和我，象牙床上妹背哥。

為什麼古典情色文學中罕見以「俯臥式蟬附」交歡的描寫？這當然反映出中國人對此式不熟悉、不喜歡。因為以「俯臥式蟬附」做愛時完全無法賞玩女性的性感帶：臉孔、乳房、牝戶、屁股和小腳，好像摸黑行房一樣，有何樂趣可言？

不過，在日本德川幕府第三代德川家光統治的寬永年間（相當於明朝末年），有一位日本漢學家以漢文摹仿唐人張文成《遊仙窟》的故事架構，撰寫了一篇約四千餘字的艷文《春夢瑣言》，裡面倒有一段「蟬附之歡」。

4-7　這是以傳統技法所繪的最後一套春宮，女子仍纏小腳，男子已梳西裝頭，穿西裝、打領帶，描繪出民國初年上海租界上流社會的私生活情景。做愛姿勢與晚明《花營錦陣》中的〈解連環〉一圖相似，為「側臥式蟬附」，素描技法卻十分高明，線條流暢生動、嫻熟準確，是一套相當出色的春畫作品。民初絹本春畫。

《春夢瑣言》說浙江會稽的富春有個書生韓仲璉，二十五歲，美貌多才，好遊山水。一日，行十餘里，至山中，見一洞，涉水而入，行數十步出洞，沿徑行，過松林，見到一處莊院，院中傳出彈箏歌唱聲，忍不住作歌和之。不久，兩美貌丫鬟開門問韓生從何而來？韓生便以山行迷路、日暮途窮爲由，求借宿一晚。

丫鬟回稟後，引韓生入見主人李姐、棠娘。李姐名芳華，年二十二、三，面白如玉，穿白綾衣、綠綢裙；棠娘名錦英，年未二十，顏如桃花，著乾紅衣、翠油裳。家無男丁，兩女乃命侍婢排宴，歌舞娛賓，仲璉、李姐、棠娘亦歌以言志，唱酬甚歡。

宴罷就寢，仲璉不能寐，作詩自勵，遙聞棠娘輕聲唱艷歌。二更時，李姐、棠娘秉燭推門而

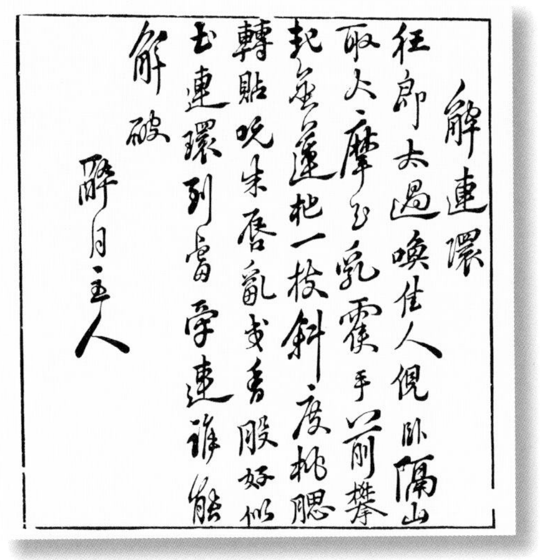

解連環
狂郎太過喚佳人側臥隔山
取火摩玉乳雙手前攀
起金蓮把一枝斜度桃腮
轉貼吮朱唇亂曳香股好似
玉連環到處牽連誰能
解破
醉月主人

4-8 《花營錦陣》第十二圖。一對情人在床榻上以「側臥式蟬附」交歡，熱情的女子還拚命扭轉頭頸去與身後的男子接吻；男子雙手撫弄女人的乳房，這在中國春宮畫中也是少見的。

圖後有醉月主人題詞〈解連環〉云：「狂郎太過，喚佳人側臥，隔山取火。摩玉乳，雙手前攀，起金蓮，把一枝斜度。桃腮轉貼吮朱唇，亂曳香股。好似玉連環，到處牽連，誰能解破？」由詞文可證，明朝時後進位的「蟬附」和「虎步」一樣，都俗稱為「隔山取火」。

入，奉一夕之歡。李姐先上床，脫衣入仲璉懷，仲璉興發如狂，以「龍翻」之式交歡。棠娘傍視春心蕩漾，唱怨歌；李姐聞歌起，強裸棠娘抱於床，仲璉乃與棠娘交。書上說：

> 仲璉轉棠娘，自後持之，背當腹、臀承腰、腿向膝，再以麟角插入空中，用「仙鶴啄玉」之勢，急疾攻擊，角端直犯神窟，則室內胞（飽）脹，如嘶如喋，角勢增勁利，來去奮迅。棠娘氣息欲絕，足指搐然，搖身如尺蠖，反手爪（抓）仲璉之腰曰：「已矣！生無聊！」仲璉曰：「奚為？」棠娘曰：「佛地天堂不在他焉。」呻吟歔欷，若狂若病，童心之未消，比李姐則更有一段可憐。仲璉亦快美盈滿，從腋捫乳曰：「僕今死於娘子之手，猶如生時也已。」

這段文字與傳統中國色情小說不大相同，語法不全似漢文，性具名稱如「麟角」、「角端」、「空」、「神窟」、「室」也罕見於中國古典情色文學，學者才推測《春夢瑣言》是日本人的作品，而不是像《遊仙窟》那樣出自中國文學家之手，流傳到日本，由日本人保存至今者。在日本人以中國人物爲背景所寫的《春夢瑣言》中，居然出現了罕見的「蟬附」場面，不能不令我們嘖嘖稱奇。

◆◆◆

在「俯臥式蟬附」之勢中，女人是完全被動的任男人壓著，像大樹不能移動，只有附在樹幹

4-9　清朝嘉慶年間改琦畫《守口相從》。這是一套畫得精細而有韻味的紙本春畫。男子從婦人背後緊摟求歡，讓婦人無從掙扎，只能退而求其次，要求男子不要把私情到處宣揚，題作《守口相從》是「男人嘴上守得穩，女人身上打得滚」之意，兩人的姿勢屬於「坐懷式蟬附」。
改琦是清朝嘉慶道光年間活躍於江南的著名畫家，山水人物師法仇十洲、唐伯虎，花卉學惲壽平，曾在嘉慶七年臨摹仇十洲的《百美嬉春》卷，在嘉慶二十一年完成《紅樓夢圖詠》，畫風跌宕秀麗，彌足珍貴。

上的玄蟬可以輕巧的動，所以此式是「男動女靜」、「男施女受」，主動權完全交給了男方。

「俯臥式蟬附」不適合太肥胖的男子，一般男子也不能把全身重量都壓到女子的背上，而要用雙肘稍稍撐起上半身，所以此式稱「附」而非「壓」。雙肘作了支撐上半身的支點，就被固定住了，不能隨意移動去探撫女人的性感帶，這也是它的缺點。

如果將「女子俯臥，男俯女背」的姿勢稍做變化，讓兩人同時向左或右邊側臥，成爲「女子側臥，男側臥女背後」的交合法，就成了「側臥式蟬附」，它的優點在於男子側臥在床，身體重量不會壓在女人身上，側臥的女子可以前後擺臀，主動配合男子的抽送，男子側臥之後，有一隻手可以空出來，或抬起女子在上邊的大腿使牝戶大張以便搗弄、或去撫玩女子的乳房和陰戶，從而改善了「俯臥式蟬附」的缺點。

明朝崇禎末年，醉西湖心月主人短篇小說集《宜春香質》的月集第三回裡，說溫陵秀士鈕俊夢與神女交歡，在聚情幃中有「性愛九式」，其第四式是：「一美女赤身，直伸左股曲右股，男子披衣冠巾，露下身，側後以屌[illegible]毴，左右搖拽。毴內騷水洋溢，流於被榻，女郎情興不禁，自爲擺蕩，回首欲接郎唇，男摩其兩乳，雙雙貪愛。」這就是「側臥式蟬附」的一個例子。

比較《宜春香質》的第四式與前引《僧尼孽海》的第四勢，可以發現《宜春香質》是抄襲《僧尼孽海》的，因爲《僧尼孽海》成書較早，完成於明萬曆、天啓間，在晚明時赫赫有名，流傳甚廣，而《宜春香質》則是崇禎末年的作品。我們如果仔細比較兩書關於「側臥式蟬附」的描寫，便可看出因襲傳承的關係。

4-10 這套冊頁共八開，以淡墨畫景、淡彩畫人，顯出高雅脫俗的韻味，在中國春畫中獨樹一幟，十分搶眼。本圖女子身餘肚兜、坐在赤裸男子的懷中，屬於「坐懷式蟬附」的後進位。清中葉春畫。

九法之四【蟬附】

4-11　這套別緻的冊頁，是在黑漆打底後，以金粉勾勒全圖輪廓，再敷填色彩；全套十二開，描繪北京八大胡同妓院風光。本圖繪嫖客坐在妓女閨房中的醉翁椅上，摟著脫得只剩下一件紅肚兜的妓女坐在懷中玩「坐懷式蟬附」；窗外老鴇虎視眈眈，看妓女有沒有怠慢客人，也擔心客人玩得過火把女兒弄傷了。此圖精麗工緻有餘，氣韻生動不足，是技巧熟練卻天賦不足的職業畫師所畫。清中葉黑漆描金畫。

4-12 清中末葉玻璃畫《哺乳》。在毛玻璃粗糙的一面塗彩作畫，是清朝手工藝之一，最著名的是在玻璃製的鼻煙壺瓶內用五彩塗畫山水人物花鳥。本圖描繪婦人斜躺在炕床上哺乳，丈夫淫興突發，強行求歡，婦人只好側身讓丈夫以後進位的姿勢行房，以免妨礙正在吃奶的孩子，形成了「上下兼顧」的有趣畫面，也說明了「側臥式蟬附」是可以掩人耳目的偷歡姿勢。

因爲同是後進位，「蟬附」也和「虎步」一樣，比較不適合陰戶生得偏高的女性、或陽具長度不夠的男人，會在抽送時讓陽具滑出陰道。有上述情形的男女在玩「俯臥式蟬附」時，不妨先在女子小腹下墊個枕頭；玩「側臥式蟬附」時，不妨用手抬起女子上面的那條腿，就可以使陰戶抬高暴露，方便進出了。

4-13　晚清佚名絹畫。描繪清宮皇帝與嬪妃在床榻前以「側臥式蟬附」雲雨，身後隨侍的宮女太監看得目瞪口呆，嫉妒地心想「我不如他」，被旁人觀看的妃子不好意思地以手遮臉，皇帝卻微笑地說「怕什麼呢？」

九法之五

龜騰

女仰臥，屈膝抵胸，騰其四足，前入位，像龜腹朝天。

五

第五曰「龜騰」。

令女正臥，屈其兩膝，男乃推之，其足至乳，深內玉莖，刺嬰女，深淺以度，令中其實；女則感悅，軀自搖舉，精液流溢，乃深極內，女快乃止，行之勿失，精力百倍。

第五法名叫「龜騰」。

要訣是：女子仰臥，把兩腿彎曲，男子推她雙腳至碰觸乳房，使女子背部弓曲有如龜背，牝戶朝天大張。男子把陽具深深插入，刺擊陰道四寸深的「嬰女」處，要深淺適度，大力抽送，女子便會有很高的快感，自然擺動身軀四肢，像隻仰天踢足的烏龜，愛液也大量地分泌流出。男子見狀便深插陽具，使女子達到高潮後，便停止動作，不要洩精，可使身強力壯，精力百倍。

明朝《素女妙論》「龜騰勢」是這樣的：

令女人仰臥，憺然虛無，如忘其情，男子以兩手抬托兩腿，抬起過乳房，伸出其頭，忽入紅門，深撞穀實，忽縮忽伸，如龜頭伸縮，能除留熱，遂五臟邪氣。其法如玄龜游騰之狀，

5-1　描寫青樓嫖客買歡的春畫。用金漆勾輪廓於黑漆底色之上，再在輪廓中填彩，視覺上造成夜晚的景像，而青樓正是夜生活的世界。本圖中的妓女仰躺在織毯上，屈膝至乳，牝戶大張，嫖客俯身於上，深搗玉莖，正是「素女九法」中的「龜騰」之式。清中葉黑漆描金春宮畫。

堅甲自守，曳尾泥中，而全其真。

對女子姿勢的要求與漢朝《素女經》一致，對「龜騰」的解釋卻完全不同。從「男陽如龜伸頸」發揮，說此式像黑色的烏龜在泥淖（牝戶）中游騰，並引用《莊子》中「泥塗洩尾」的故事來譬喻守住精關不洩就是「保全眞性」，對養生非常重要。

《莊子．秋水》篇中有個著名的故事，說莊子在濮水邊釣魚，楚王派兩位大夫當特使請他去朝廷作高官，莊子說：「我寧願作一隻在泥淖中搖頭曳尾的活龜，也不要被人殺死供奉在廟堂之上當神龜膜拜。」

明朝末年短篇小說集《僧尼孽海》乾集〈西天僧西番僧〉一則中，提到喇嘛僧教元順帝房中術有「九勢」，第五「龜騰勢」說：

女子仰臥，男子托起女子雙腿過乳，握玉莖刺其穀實，女精自流，男身快樂。

說法與漢朝《素女經》大致相同而更簡略，要求深刺女子陰道五寸深的「穀實」又與《素女妙論》相同，可說是《妙論》的簡要本而捨棄了那些「憺然虛無」、「忘情全眞」的玄學之論。

《素女妙論》是寫給明世宗皇帝看的，所以「九勢」要寫得越玄妙越好，才顯出博大精深；《僧尼孽海》是寫給小老百姓看的，「九勢」就只要寫得簡明實在，一看即懂就好了。

「龜騰」在先秦竹書《合陰陽》的「十節」中找不到明確的對應，不知是「困（麕）桷」

5-2　男子像是「猿搏」般地把女子的腿扛上肩頭，可是他的上半身前傾，使女子雙腿觸及胸脯、背弓如龜殼，就成了道地的「龜騰」了，原來圖中男子是壓腿而非扛腿。在流行纏足的清朝，三寸金蓮是性感的焦點，翹在男子背上的紅繡鞋格外引人矚目動心。清朝嘉慶年間春畫。

（角）」、「瞻（蟾）諸（蜍）」或「青（蜻）令（蛉）」其中的一個，或者三者皆非。初唐《洞玄子》卅法則別出心裁地把此式稱作「龍宛轉」：「女仰臥，屈兩腳，男跪女股內，以左手推女兩腳向前，令過於乳，右手把玉莖內（納）玉門中。」明明是「龜騰」，卻硬稱作「龍宛轉」，顯見《洞玄子》作者沒看過《素女經》，或者當時《素女經》已佚失中土了。

◆◆◆

當女子仰躺在床上，把雙腿抬高，讓膝蓋觸貼乳房，背弓如龜時，打算與她交合的男子勢必得俯跪在她胯間；由於屁股懸空，男子又在抽送時把小腹往下壓，女子懸空的姿勢很難持久，必須靠男子用雙手推舉著她的兩腳或腿彎處，或直接把雙腿放在上身前傾的男子的上臂或肩頭，這就難免和「猿搏」之式有些混淆了，因爲看起來會很像「老漢推車」呢！

兩者細微的差異不在於女子雙腳是否被男人扛舉著，而要看女子的雙腿有沒有壓迫到自己的乳房，讓背部弓起似龜背。在「猿搏」之式中，掮扛女子雙腿的男子必定是垂直著自己的上身，使女子大腿沒有碰觸到她的乳房；而在「龜騰」之式中，掮扛女子雙腿的男子一定是上身前傾，把女子雙腿貼壓在她的乳房上。

在晚明崇禎十三年寫成的《歡喜冤家》第五回〈日宜園九月牡丹開〉裡，說南陽府鎮平縣財主蔣青赴彰德府安陽縣劉玉家賞玩牡丹，看上劉妻袁元娘，將她強搶而去，在船上逼姦，元娘當時已有孕在身，爲保劉家血脈，只好相從。書上說：

5-3　一對全身赤裸的男女，在一張考究的紅木床上，以「龜騰」之式交歡，床頭的大鏡說明了這張大床是專為交媾而設的。清初庾嶺勞人《蜃樓志》第十九回說：乾嘉年間，廣東洋行買辦從海外進口洋人所造「雨床」十分奇巧，遇著歡會之時，只消伏在女人身上，撥動機關，它自會隨心縱送，著緊處還有兩相迎湊之機；或許此圖中的床就有這種功能。清朝中葉春畫。

蔣青大喜，脫了元娘衣服，弄得赤條條的。元娘道：「且熄了燈火來。」蔣青道：「且慢著。」把元娘兩腿擱上肩頭，著實奉承，附著耳問道：「可好？」元娘點頭。蔣青吐過舌尖，元娘含住，兩個一時間弄得酣美……

這段描述乍看之下像是「猿搏」，但是蔣青又在元娘耳邊細語，又伸舌到她口中濕吻，可見元娘此時一定是背曲如弓，像仰天的烏龜一般，牝戶高聳大張，任男子著實奉承，這樣的姿勢能讓男陽下下直抵花心，很快就達到高潮，才讓她忍不住含著強姦她的男子吐過來的舌尖，什麼也無法矜持計較了。這就是《素女經》中所說的「深入玉莖，刺嬰女，深淺以度……女則感悅，軀自搖舉，精液流溢」。

清初人曹去晶《姑妄言》第六回說蘇州府崑山縣某街上有家姓陰的夫妻，開著個小雜貨舖，女兒十二歲，個子像十五、六歲，嬌模嬌樣；隔壁住著姓關的鄉紳，有兩個兒子，一個十五、一個十一，請了一位先生來家教書，鄰居有五個小孩也來就讀，大的都不過十五、六歲；陰某便讓女兒也到關家一同跟老師學字念書，結果被同學們看上了，趁老師不在時調戲成姦。書上說：

那大學生……把龜頭上抹了些唾沫，將她兩條小腿架起，往裡輕輕一送，她那小牝才被關二弄濕透了的，一滑就進去一半。問她道：「可疼麼？」女子道：「影影的有些。」他道：「不妨事。」又幾送到根。女子道：「脹疼呢。」他一抽一拽了一會，見那女子屁股扭呀扭的，知道有了些好光景，向她道：「妳要覺裡頭有些癢癢的，妳拿手把我腰抱著，我好用

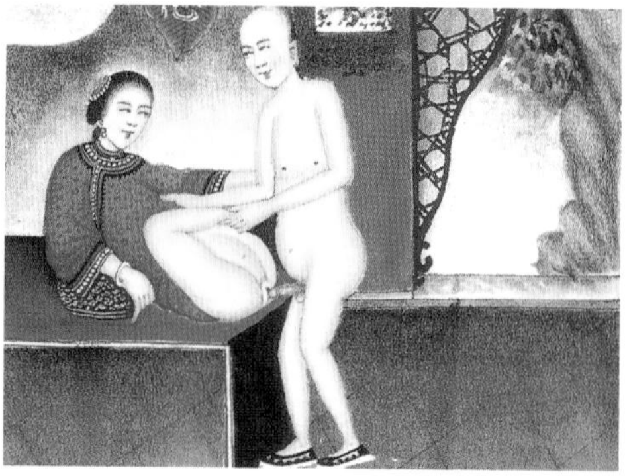

5-4　這幅春宮畫在纖維粗糙的稻草紙上，顯得有些朦朧。畫中婦人仰躺在炕沿，男子全身赤裸站在炕邊，一手推著婦人的小腳，把她的膝蓋往胸脯推去，使牝戶朝天大張，以便於敦倫，另一手則隔衣捫乳，狀甚愉快；婦人也動情地伸手去抓男人的臂膀。清中葉廣州外銷春畫。

5-5　一對全裸的男女，在炕上以「龜騰」之式交歡：俯跪的男子以上臂推舉仰躺女人屈起的大腿，把她的膝蓋頂到乳房邊，使得牝戶大張、紅艷欲吐，龜頭早蓄勢待發。本圖展現清末民初新舊交替的特殊背景：穿洋襪、梳西裝頭的男子代表民國新時代的來臨，而裹小腳、吸鴉片的女子則代表舊時代的即將結束。這是傳統春宮畫宣告結束的代表作。民初絹本春畫。

力。」又抽了幾十下，見那女子兩眼水汪汪，漸漸餳了，伸手將他抱住，知是火候到了，一陣亂抽。只見那女子面上通紅，打了一個寒噤，知她丟了，又狠抽幾下，也就大洩，那女子將嫩股向上就了兩就，他伏在身上笑問道：「可快活？」……

這段艷文也是乍看像「老漢推車」，但是陰姑娘可伸手抱大學生的腰，大學生也可伸手抱住她，可見架起陰姑娘兩條腿的男生是俯身向前，把她的大腿壓在雙乳之上的，所以懸空的屁股可以扭呀扭的，是標準的「龜騰」之式。

5-6　在大戶人家的庭園裡，穿淺絳色滾黑寬邊長袖衫的婦人坐在假山石坡上，雙手捧腿抬高，兩膝觸乳，弓身如「龜騰」狀，穿寶藍色繡袍的男子脫去青綠色長褲，露出陽具摟著婦人交歡，是一幅「坐式龜騰」的範例。清朝中葉春畫。

雙鳧飛肩

有時候，小說作者並沒有將性愛姿勢描述得十分仔細精確，我們便無法判定那些「把兩隻白生生嫩腿扛上肩膊」的做愛故事究竟是「猿搏」還是「龜騰」。

明朝蘭陵笑笑生《金瓶梅詞話》中，出現「扛腿上肩」的性姿勢描寫共有六處，其中五處是西門慶分別和大老婆吳月娘、三妾孟玉樓、僕婦賁四娘子、奶媽如意兒與王招宣的寡妻林太太，另外一次是西門慶五妾潘金蓮和她女婿陳經濟：

> 西門慶不由分說，把月娘兩隻白生生腿扛在肩膊上，那話插入牝中，一任其鶯恣蝶採，殢雨尤雲，未肯即休，正是得多少海棠枝上鶯梭急，翡翠梁間燕語頻。不覺到靈犀一點，美愛無加，麝蘭半吐，脂香滿唇。西門慶情極，低聲求月娘叫「達達」，月娘亦低聲睥幃暱枕、態有餘妍，口呼「親親」不絕……（第二十一回）

> 西門慶見她（如意兒）仰臥在被窩內，脫得精赤條條，恐怕凍著她，取過她的抹胸兒替她蓋著胸膛上，兩手執其兩足，極力抽提，老婆氣喘吁吁，被他肏得面如火熱，……揝著她雪白的兩隻腿兒，穿著一雙綠羅扣花鞋兒，只顧沒稜露腦搧幹抽提，抽提得老婆在下無般不叫出來，嬌聲怯怯，星眼濛濛。（第七十五回）

5-7　晚明木刻版畫畫冊《江南銷夏》。這套冊頁共十二張，印成暗紅色，合裱成蝴蝶裝畫冊，有圖無詩詞題跋，是晚明崇禎末年的作品。
本圖刻繪全裸女子仰躺在醉翁椅上，雙腳擱在站立於她面前之男子肩頭；男子前傾上身，把女子大腿壓靠到胸脯，呈弓背敞陰的「龜騰」之姿。醉翁椅是中國南方流行的傢俱，椅背可調整斜度成躺椅，特別適合炎夏午睡納涼和男女雲雨交歡之用。

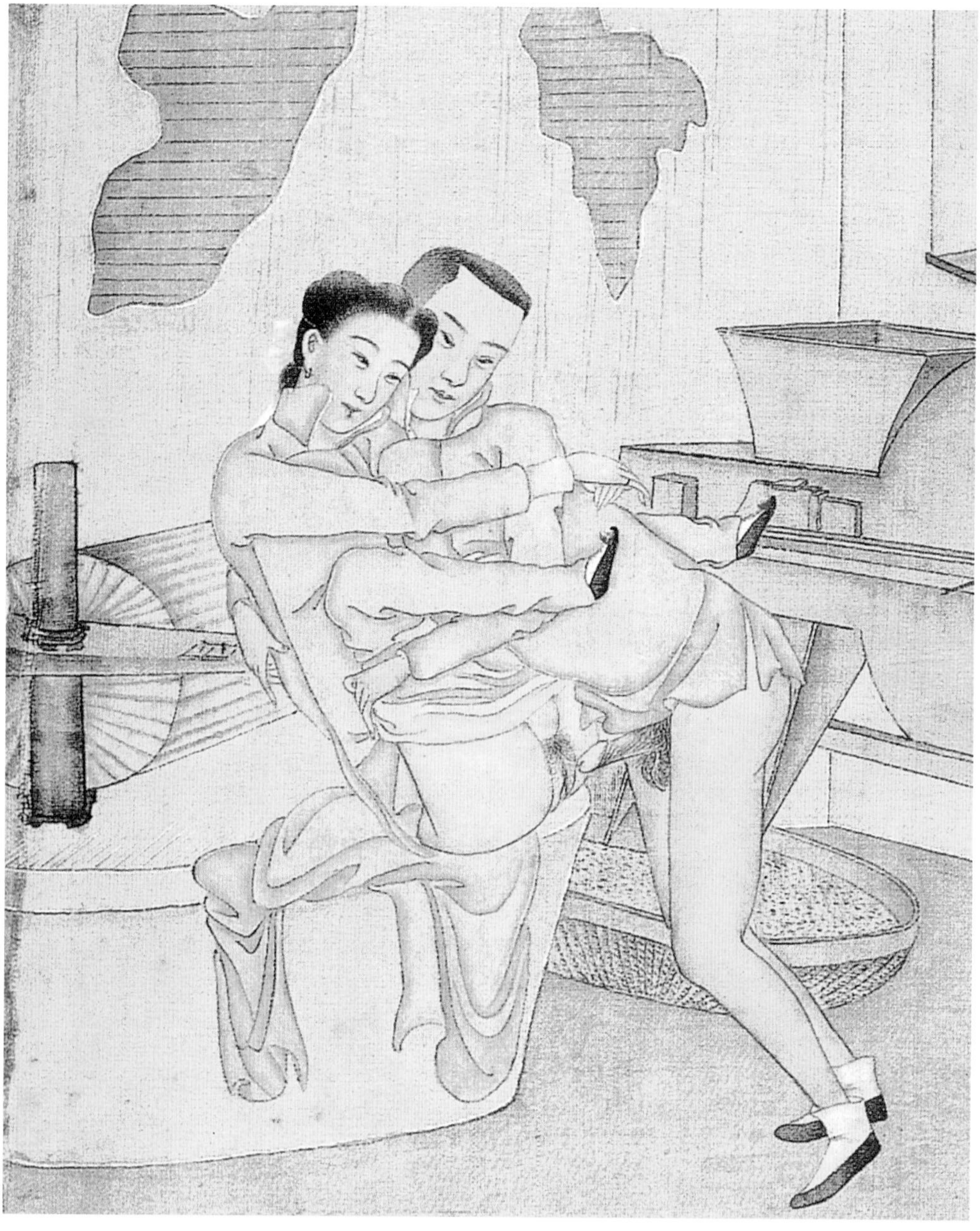

5-8　與圖5-5同屬一套冊頁，圖中男女改在碾房中行淫。富家千金與家中僱用的長工發生戀情，到長工工作的碾房裡和情人偷歡。長工自己先脫光下半身，把水藍色長褲墊到滿是粉塵的石碾上，讓小姐坐在上頭，不致於沾上一身粉塵，而後解開她的褲腰帶，把私處褪出來，用手臂把她的腿彎架著，推舉到貼胸，呈「龜騰」之式，靠在長條狀的板檻上，而後聳陽而入。長工剃三分頭而不留長辮，說明此時已是民國時代了。充當座椅的輥碾是去稻穀之殼的農器，比碓舂快速省力而易得米；右後方是去糠粃、得淨米的農器，稱作「颺扇」。民初絹本春畫。

西門慶……搊起（孟玉樓）這一隻腿兒，跨在胳膊上，摟抱在懷裡，……只顧沒稜露腦，淺抽深送。須臾淫水浸出，往來有聲，如狗舔糨子（漿糊）一般。婦人一面用絹抹之，隨抹隨出，口裡內不住的作柔顫聲，叫他「達達」……（第七十五回）

西門慶……不由分說，把婦人（賁四娘子）……解衣按在炕沿子上，扛起腿來就聳，那話上已束著托子，剛插入牝中，就拽了幾拽，婦人下邊淫水直流，把一條藍布褲子都濕了。……這西門慶乘著酒興，架其兩腿在胳膊上，只顧沒稜露腦，銳進長驅，肆行搧磞，何止二、三百度，須臾弄得婦人雲髻鬅鬆，舌尖冰冷，口不能言，西門慶則氣喘吁吁，靈龜暢美，一泄如注……（第七十七回）

西門慶家中磨鎗備劍，帶了淫器包兒來，安心要鏖戰這婆娘（林太太），早把胡僧藥用酒吃在腹中，那話上使著雙托子，在被窩中架起婦人兩股，縱塵柄入牝中，舉腰展力，那一陣掀騰鼓搗，其聲猶若數尺竹攪泥淖中相似，連聲響亮。婦人在下，沒口叫「達達」如流水……（第七十八回）

這金蓮趕眼錯，捏了經濟一把說道：「我兒，你娘今日可成就了你罷，趁大姐（陳經濟妻子）在後邊，咱要就往你屋裡去。」經濟聽了，巴不得一聲，先往屋裡開門去了，婦人黑影裡抽身鑽入他房內，更不答話，解開裙子，仰臥在炕上，雙鳧飛肩，交經濟奸耍……（第八十回）

這個姿勢，笑笑生讓西門慶和陳經濟在面對不同的婦人時都只用一次就不重覆再用，而且除了如意兒例外，其他五處全都是男女雙方在書中的初次交歡，似乎笑笑生有意讓兩位男主角在跟他們的心上人初度雲雨時，用這個很容易深刺花心、讓女人淫水流溢、很快達到高潮的姿勢來征服女人，贏得她們的芳心。這六處「雙鳧飛肩」的描寫，有可能開始時男的挺直上身像「猿搏」，不久就傾身向前把女腿壓向她的胸膛而成了「龜騰」；也有可能從頭開始就是「男扛女腿壓觸其乳」的「龜騰」式，一式到底；從各處描繪每個婦人淫水直流、忘情地喊爹，實與《素女經》描述「龜騰」之式的女子性反應不謀而合，所以筆者猜想這些描寫可以歸納為「猿搏」，卻更可能應當是「龜騰」。

◆◆◆

「龜騰」之式如果女子是仰臥在床，屈膝貼乳，男子只能採取俯跪之姿；如果女子是仰臥在床沿炕邊，或坐在椅子上，屈膝貼乳，男子就可以站著交歡，在行動上便利許多，更能掌握「龜騰」對男性的優勢。男子是俯跪還是站立，《素女經》、《素女妙論》和《僧尼孽海》三書都沒有嚴格要求，只規定男子要推舉女人的雙腿去壓觸到她的胸部，所以只要符合「男舉女腿過乳」的要求，是仰臥在床還是正坐在椅，都

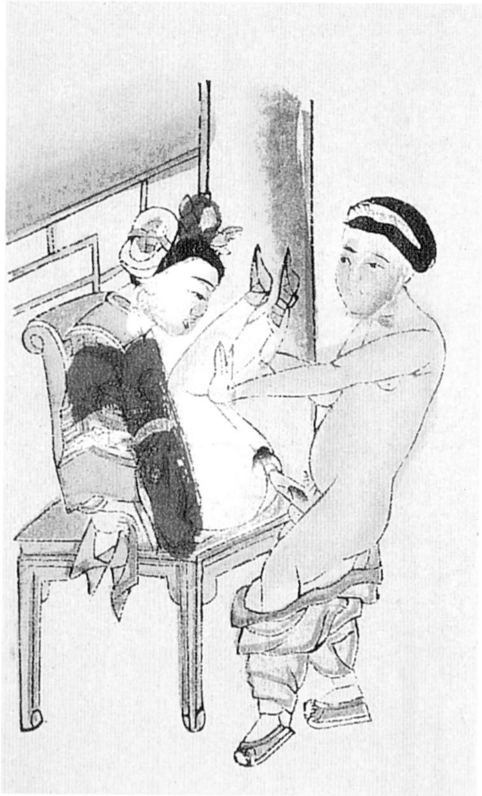

5-9　晚清天津楊柳青木刻版畫。天津楊柳青以出產年畫著稱，也兼售此類春宮，長約一百一十公分，高約十五公分，以木刻墨板印故事人物的輪廓線條，再用手工上色，每卷十二圖。此為其中之「坐式龜騰」。

屬於「龜騰」之式，因爲這時女性都已「背拱如龜」了。我們不妨稱前者爲「臥式龜騰」，稱後者爲「坐式龜騰」。

箭中紅心

《別有香》第四回〈潑禿子肥戰淫孀〉裡，了空和尚和寡婦萬氏偷歡，書上說：「婦（萬氏）……至圈椅上，蹺起雙腳，大開牝門，僧遠遠把堅莖。婦眼看他緩緩行來，送入抽拽，婦得趣，問：『何套？』了空道：『是「白雲歸洞」。』婦欲起，了空道：『且坐。』又遠遠跑來，急進正對當中，不差毫末，是叫作『箭中紅心』。」

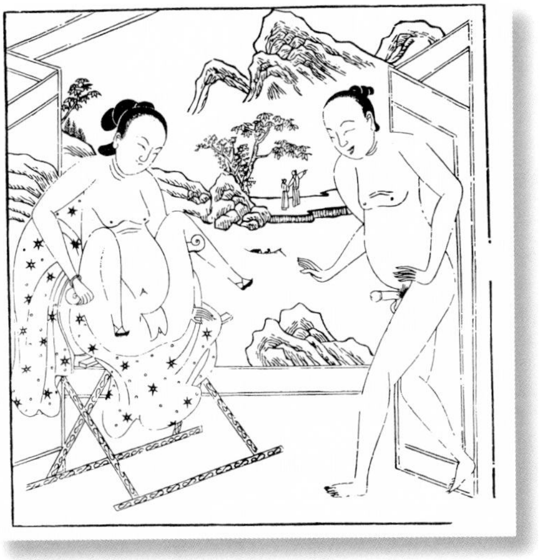

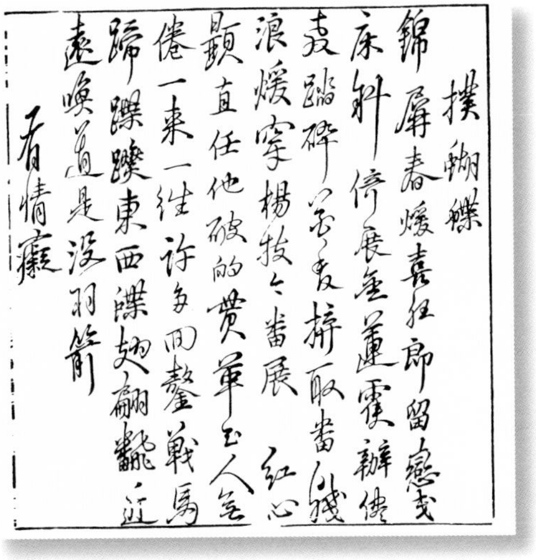

撲蝴蝶
錦屏春煖喜狂郎留戀交
床斜倚展金蓮雙瓣儘
教踏碎花香拚取番殘
浪煖穿楊枝々番展　紅心
顯直任他破的貫革玉人無
倦一來一往許多回鏖戰馬
蹄蹀躞東西蝶翅翩翻近
遠喚道是沒羽箭
有情癡

5-10　《花營錦陣》第二十一圖。女子裸身坐在一張有靠背扶手的交椅上，脫下的衣裳就披在椅背當靠墊，兩腿分張，弓身似龜；全裸男子陽物高舉，正朝女子跑來，玩「箭中紅心」的遊戲，是標準的「坐式龜騰」。
題詞是有情癡的〈撲蝴蝶〉：「錦屏春暖，喜狂郎留戀。交床斜倚，展金蓮雙瓣，儘教踏碎花香，拚取番殘浪暖，穿楊枝，今番展。　紅心顯，直任他破的貫革，玉人無倦，一來一往，許多回鏖戰，馬蹄蹀躞東西，蝶翅翩翻近遠喚，道是沒羽箭。」沒羽箭破的貫革正中紅心，一語雙關。

在這段敘述中，萬氏是坐在圈椅上，把兩腿蹺放在椅子兩邊的扶手上，使牝戶大張；這個姿勢如要行房，勢必得將屁股盡量向外挪至椅子外緣，而圈椅的扶手約略與椅面外緣齊，坐在上面蹺擱兩腿，膝蓋和大腿自然會貼近胸脯，便成了「坐式龜騰」。在明朝萬曆末年的木刻版畫冊頁《花營錦陣》第二十一圖中，我們可以看到雙腿跨坐在交椅上的婦人是如何「雙膝貼乳，牝戶大張」，簡直就是《別有香》一書的插圖。

轅門射戟

同樣的玩法，在明朝末年醉西湖心月主人的《宜春香質》月集第五回中就改名叫「轅門射戟」，書上說宜男國鈕后被駝駝國敵軍所捉，強暴幾死：

> 忽一軍人道：「你們皆用機關，我要當場掇戲。」把鈕后仰睡凳上，著二人高扶鈕腳，一人穩扶鈕身，道：「我肏個『轅門射戟』你們看看。」露出陽物有七寸餘長，大則一握不能盡，軒昂突兀。鈕后看了甚是寒心。那人叫聲：「擂鼓，看我射戟。」如野馬上槽狀，撲至鈕前，一屌直毛到根，毛得鈕后生汗直噴，魂飛魄散，喘氣都喘不過來……

女子擺出「坐式龜騰」的姿勢，讓男人「轅門射戟」、「箭中紅心」，還出現在《姑妄言》的第十四回裡，說土財主易于仁家中妻妾成群，性好淫樂的易于仁常想出各種花樣來追求肉慾之歡，「打了許多醉翁椅，叫眾婦仰臥，將腳擱在兩邊，肚上牝戶大張，他在十步之外，手執著陽具，對著一個如飛跑來，一下剛中紅心，便大抽一陣；若戳不著，又如此弄第二個。」

同樣的「坐式龜騰」，女子除了坐在床沿椅上，也可以坐在活動的鞦韆上玩，因爲鞦韆是活動的，可前後搖擺，便讓追歡的男女獲得更大的刺激享受。

打鞦韆是中國古代清明節時的民俗活動，《金瓶梅詞話》第二十五回就說：「燈節已過，又早清明將至。……吳月娘花園中扎了一架鞦韆。這日見西門慶不在家，閒中率衆姐妹遊戲，以

5-11　一對男女在沙發上玩「龜騰」之戲，從女子天足和男子髮式，可知是民國以後三〇年代的作品，繪技拙劣，敷色潦草，可證手繪的春宮畫至此時已宣告沒落了，代之而起的是可以大量印製的廉價照像春宮。民初春宮畫。

消春困……」而貪淫之人總也能想出利用鞦韆來淫樂的花樣。

在圖5—12就看到了「鞦韆淫戲」的畫面。在桃花盛開、春光明媚的時節，一戶富貴人家的花園裡，矗起了一架鞦韆；鞦韆很尋常，玩法卻香艷，只見一位全身赤裸、只披了件大紅披風的貴婦人，把手臂腳彎套入鞦韆的軟索環套裡，雙手抓緊軟索，膝蓋貼乳，劈開兩腿，擺出「龜騰」之式在盪鞦韆；貴婦的腰間繫著一條粉紅彩帶，由背後的丫鬟們後拉前推，把牝戶擺盪到正前方站立的男子面前，吞吐男子勃起的陽具。這樣的玩法基本上與前述的「箭中紅心」、「轅門射戟」相同，只不過將男子主動改成女子主動罷了。

同樣的玩法也見於圖5—14，畫中一位滿族貴婦披著紅衫，光著下身坐在鞦韆板上，雙腿高舉、膝頭貼乳，呈「龜騰」之式，她面前站著一個衣衫整齊的男子，以右臂扛起婦人的左腿彎，雙手抓著吊繩，將陽具送入大張的牝戶中，利用鞦韆的晃動，可以達到今日電動情趣椅的效果。

◆◆◆

「臥式龜騰」的特色在於女子屈膝至乳，背弓如龜，屁股懸空，牝戶高過頭部，使得私處巨細無遺地展現在男子面前，特別適合於陰毛秀麗、下體媚人的女性，像漢桓帝時入宮的乘女瑩，「私處墳起，爲展兩股，陰溝渥丹，火齊欲吐」（見明人楊慎《漢雜事秘辛》），就適合用「龜騰」之式媚惑桓帝。

在「龜騰」之式中，因爲女子牝戶高懸大張，男子陽具很容易直搗花心，使女子達到高潮，

5-12　明末清初絹本春畫《鞦韆》。以鞦韆玩「坐式龜騰」之戲，應該很早就出現於中國了，但是明朝的色情文學中還沒有找到記載；《姑妄言》第十四回中有「鞦韆淫戲」，但卻不是「龜騰」式的玩法，而是「後園搭了個鞦韆架，用一塊闊厚板上安兩個靠背，男子坐在上面，叫婦人跨在他身上套入，兩邊著有力人往來推送。」

所以它很適於早洩之男子助其滿足性伴侶的情慾。此外，對於陽具嫌短的男士，也可以藉此式來彌補其長度的不足。可以說，在雲雨交歡時，懂得運用「龜騰」之式的男子，便掌握了致勝先機，可坐收事半功倍之效。

「臥式龜騰」所激發的性歡愉不但可媲美「龍翻」，甚而還比「龍翻」更有獨到之處；因為用這種姿勢交合時，女子很容易產生快感，當快感來臨時，由於全身為男人所壓制，雙腿又被緊推到胸前，為了要宣洩快感的情緒，必然會左右搖擺著屁股，連帶地讓男人也跟著晃動不已，陽具在一片濕黏的陰戶中，也眞像極了在泥淖中騰遊的烏龜，《素女妙論》因此而稱此式為「龜騰」，實在也有其道理啊。

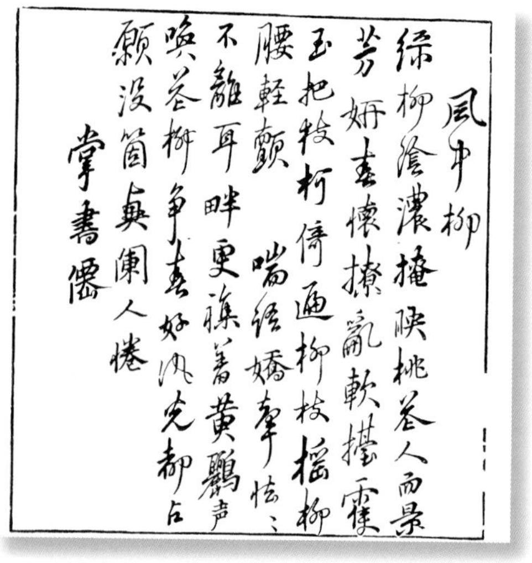

5-13　明朝萬曆末年木刻版畫《花營錦陣》第九圖。本圖也是「坐式龜騰」的圖例。圖中女子坐在垂柳枝幹間，利用柳枝的搖擺，達到「鞦韆」的效果。題詞為掌書仙的〈風中柳〉：「綠柳陰濃，掩映桃花人面，景芳妍，春懷撩亂，軟抬雙玉，把枝柯倚遍，柳枝搖，柳腰輕顫。　喘語嬌聲，怯怯不離耳畔，更雜著黃鸝聲喚，花柳爭春，好風光都占，願沒箇興闌人倦。」

5-14　兩棵大樹間吊掛著一架闊木板鞦韆，裸身披了件上衣的滿族貴婦正舉腿弓身，以「坐式龜騰」和她的情人交歡；鞦韆是可以前後擺蕩的，就比坐在固定的「醉翁椅」上更刺激有趣了。畫中洋樓、透視法山水和色彩濃淡展現人物的立體感的畫風，顯然受郎世寧影響。清朝乾嘉年間春畫。

九法之六

鳳翔

女仰臥，舉雙腿，
男跪女股間，
前入位，
像鳳翔於下。

六

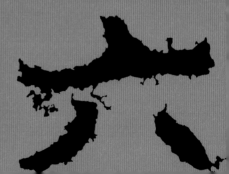

第六曰「鳳翔」。令女正臥，自舉其腳，男跪其股間，兩手據席，深內玉莖，刺其昆石，堅熱內牽，令女動作，行三八之數，尻急相薄，女陰開舒，自吐精液，女快乃止，百病銷滅。

第六法名叫「鳳翔」。

要訣是：女子仰躺，自己把腳舉高，男子跪在她兩股之間，把兩手前撐於床席上，將陽具深深插入陰道七寸的「昆石」部位，堅硬熱燙的陽具在陰道內抽送，誘引女子自動收縮牽引，男子抽送二十四下，每一下都深插到底，讓胯間密貼女子屁股，女子牝戶會因興奮而綻開，愛液泌湧，等女子達到高潮後就停下來，可使百病消除。

明朝嘉靖末年的《素女妙論》的「鳳翔勢」如此說：

令女人橫身（平躺）仰臥床上，手自舉兩股，男子以兩手緊抱摟女腰，將金槌插玉門，左右奔突，至陰中壯熱，女體軟動，行九淺八深之法，則女悅微喘，滑液沸出，能補諸虛，填精髓輕身，延年不老。其法如丹山瑞鳳摶扶搖而翺翔寰中之狀。

6-1　這是清朝乾隆年間相當精緻的一套八開絹本春宮冊頁當中的一幅，可作為乾隆二十年前後畫作的範例。在江南富貴人家的迴廊下，擺了一張嵌雲石三圍屏羅漢床，鋪著青花纏枝牡丹織毯，毯上一對全裸的男女正以「鳳翔」之式交歡：女靠枕仰臥，自舉其腳，男跪其股間，一手撐席，一手摟抱女腰，正欲深內玉莖。
後方畫屏繪著「蒼龍戲珠」圖，以珠代表女性，寓有陰陽交歡之意，與屏前榻上雲雨交歡之男女相互呼應。床邊方几上放著香爐、香盒、香箸筒，筒中插著香匙、香箸，畫得已不如康熙年間那樣華麗精緻。

與《素女經》相較，兩者大致相同，《素女妙論》說得更仔細一些，要女子自舉兩腳時用雙手扶持著，要求男子雙手緊抱女腰，也比《素女經》的「兩手據席」好，更多些親密互動，還多加了對此式名稱的解釋，「能補諸虛，塡精髓輕身，延年不老」云云，則是誇大療效的廣告詞，我們得體諒《素女妙論》作者向皇帝兜售此書的苦衷無奈。

明朝末年短篇小說集《僧尼孽海》乾集〈西天僧西番僧〉故事中，提到喇嘛和尚教元順帝房中術，有許多性姿勢，第六「鳳翔勢」說：

女子仰臥於床，自轟起兩股，男子以手按床，深入玉莖，刺其嬰鼠，使玉莖堅硬，陰戶壯熱內動，女子自搖，行六淺二深之法，男女歡悅。

說法更接近《素女經》原文，陽具進入的深度則改爲介於「俞鼠」（三寸）、「嬰女」（四寸）之間，在陰道中段，而不是深七寸的「昆石」，說法略有歧異；「六淺二深」也與《素女妙論》的「九淺八深」不同，沒有說抽送幾下，大概是「女快即止」吧，因爲每個女人的高潮快慢不同，無法硬性規定「行三八之數」。

◆◆◆

大鵬展翅

爲什麼叫「鳳翔」？

6-2　本圖是根據康熙年間的絹本春畫所繪的仿本，完成於道光末年、咸豐初年，描繪青樓老鴇和龜奴聯手調教雛妓的情景。雛妓被推倒在地毯上，老鴇壓制著她的左手，舉起她的右腿，擺出「鳳翔」的姿勢讓龜奴交媾。
在康熙年間的原畫中，龜奴的右臂夾著雛妓的左腿腿彎，強姦的氣氛更為濃烈；本圖簡略成雛妓自己舉腿，有些半推半就的意味，當然，這幅春宮也可以解釋為在老鴇的協助下，嫖客替雛妓開苞的情景。清朝中葉紙本春畫。

6-3、6-4　同治、光緒年間，上海租界工商業發展繁榮，妓業隨之興盛，這是上海最高等妓院書寓中的一景。在陳設豪華的書寓裡，彈三弦說書賣藝的「先生」在客人的銀彈攻勢下，打破了「賣藝不賣身」的行規，在煙榻上高舉雙腿，擺出「鳳翔」之勢，任客人「深內玉莖，刺其昆石」。清朝同光年間絹本春畫。

6-5　這套冊頁約繪於一八五〇年代，道光末年、咸豐初年，富貴人家的男女在炕床上白晝宣淫，以「鳳翔」之式交歡。仰躺的女子脫得只剩下一件紅肚兜，穿著綠襪、紅繡鞋的小腳高舉著，漸漸不支的左腳垂了下來；男子左腳跨到炕沿，似乎在尋找更佳的切入角度。
伺候茶水的老媽子正要進屋，又尷尬地停下腳步。下人是不纏足的，卻仍要穿著高底旗鞋（稱「花盆底」），以便走路時搖曳生姿。床頭炕桌上陳列古籍、盆景和古鼎瓶花，顯示男子家中富裕奢華。炕腳繪著蔓生纏繞的葫蘆，是寓意「子孫萬代」的吉祥圖案。清中葉絹本春畫。

因爲仰臥的女子雙腳高舉，像鳳鳥展翅飛翔的模樣，所以取名「鳳翔」。

這個姿勢也稱「大鵬展翅」。在古時候，鵬就是鳳鳥，《莊子．逍遙遊》說：「北冥（海）有魚，其名爲鯤（鯨），……化而爲鳥，其名爲鵬。」晉人崔譔注解說：「鵬，古鳳字。」

明朝《素女妙論》的作者解釋得更仔細些，他說「鳳翔」是因爲「如丹山瑞鳳摶扶搖而翺翔之狀」所以得名。顯然，這位熱中於向明世宗推銷房中術的無賴方士是熟悉《莊子》一書的，因爲《莊子．逍遙遊》開頭就說：「鵬（鳳）之徙於南冥也，水擊三千里，摶扶搖而上者九萬里……」兩段文字幾乎全同。《素女妙論》在「龜騰勢」的名稱解釋時，也用了《莊子．秋水》篇中「龜曳尾於塗（泥淖）中」的典故，可以爲證。

「摶」是「圜飛而上」的意思，就是打圈子向上旋轉地飛，「扶搖」是向上吹的風，「翺」是上下振翅，「翔」是平翅迴旋，《素女妙論》對「鳳翔」的解釋又像在描述男子的性交動作：那麼，「寰中」就是「牝內」之意，「鳳翔」就是男子借女子一雙高舉的腿當翅膀，像鳳鳥一樣，在牝戶中打圈子向上拱、上下擺動、平行迴旋……，這樣似乎也說得通。

鳳在古代原是雄鳥，凰才是雌鳥，所以古人說男追女是「鳳求凰」。一直到晚近，才把鳳當成雌鳥，與龍配成一對佳偶，稱作「龍鳳配」，名字中有「鳳」的便全是女生了。所以第一種解釋說女子舉腿如鳳鳥展翅也說得過去。

丹穴鳳遊

「鳳翔」之式在先秦時可能稱「蜻蜓飛翔」或「蝗蟲展翅」，我們在湖南長沙馬王堆發現的竹書《合陰陽》談到「十節」（十種性姿勢）時，當中的「青令」就是「蜻蛉（蜻蜓）」，

「蝗磔」就是「蝗蟲展翅」（磔有分張之意），顯然把仰躺女子高舉的雙腿比成了蜻蜓或蝗蟲的翅膀，而由先秦的「青令」或「蝗磔」改為「鳳翔」，當然是一大進步，哪個女人都是想當鳳凰而不想當蜻蜓、蝗蟲的。

「鳳翔」在初唐《洞玄子》一書中改稱「丹穴鳳遊」，這個名稱裡的「鳳」顯然還是雄鳥，與我們今天對「鳳」的理解不同。《洞玄子》中的卅法第二十五「丹穴鳳遊」說：

令女仰臥，以兩手自舉其腳，男跪女後，以兩手據床，以內玉莖於丹穴（牝戶），甚俊。

順水推船

因為「鳳翔」時女性的牝戶像漲潮的港口，所以有些書上也把這個性姿勢稱作「順水推船」，把男陽比作小船，順著潮來之勢推船入港。

清初姑蘇癡情士《鬧花叢》第三回中提到一個圖文並茂的春畫冊頁，裡面有一幅是「女子仰天而臥，將那腳兒挑起，臀尖相合，男子俯伏胸膛，以肉具頂入花心，一抽一送，圖個歡暢，這謂之『順水推船』。」

清初曹去晶《姑妄言》第十三回說土財主童自大與妻鐵氏照春宮冊頁敦倫，「童自大把那春

6-6　與圖6-7同一套春宮冊頁中的另一幅，豪宅臨河的水榭前，方勝盤長紋欄杆裡，地板上舖著織綿褥子，消夏午憩的男女一絲不掛地躺在上面以「鳳翔」之式交歡，女子高舉的雙腿交纏在男子背上，說明此式的可能變化，一女子在無力高舉雙腿時，不妨將雙腿交纏在男子背上，也可讓兩人更緊密結合在一起。人物以顏色濃淡展現立體感，背景用透視法表現深度，都是受郎世寧的影響。清乾嘉年間春畫。

宮本頭一張翻開，問鐵氏道：『就照這一張做吧？』她點頭依允。再一看時，是一個『順水推舟』之勢，婦人仰臥，兩足大蹺，男子竭力前聳。童自大扶著鐵氏睡倒，她竟一見便悟，就蹺起腿來，牝戶大張，紅鈎赤露……。」

前面「猿搏」一章裡曾提到，《肉蒲團》稱「猿搏」爲「順水推船」，如今《鬧花叢》、《姑妄言》兩書又都將「鳳翔」之式稱作「順水推船（舟）」。說穿了，這四個字只形容男子趁女子牝戶濕潤時把陽具聳入，輕易入港，並不管女子的雙腿是朝天直舉還是斜搭男肩，所以並不矛盾。

「鳳翔」與「猿搏」、「龜騰」三個姿勢都是女仰臥、男跪伏的前入位，差別只在於仰臥女子的雙腿仰角。如果我們假想仰臥平躺的女子，頭部在時鐘九點鐘的位置，腳在三點鐘的位置，那麼「龜騰」就是腳在十點鐘的位置，「鳳翔」是十二點鐘、「猿搏」是一點至兩點之間，當雙腿平放到三點鐘位置時，就是準備「龍翻」了。

因爲「鳳翔」時仰躺的女子得要「自舉其腳」，而不是像「龜騰」那樣可以貼胸，或「猿搏」可以搭在男子肩膊上，時間久了，難免疲累痠軟，無法支持，所以《洞玄子》、《素女妙論》都貼心地加上「用手輔佐」的字眼。男子此時俯伏在女子胸前，雙手撐席或緊摟女腰，是完全幫不上忙的。

即便女子用雙手扶持著高舉的雙腿，時間稍久還是維持不住，要仰上去變成「龜騰」，或垂下來成爲「龍翻」，所以「鳳翔」不是一個可以持久的性愛姿勢，《素女經》因此才要求男子「行三八之數」、「女快乃止」，就可以換別的姿勢了。

明人馮夢龍輯蘇州歌謠集《山歌》卷二「私情四句」中有一首〈同眠〉說：

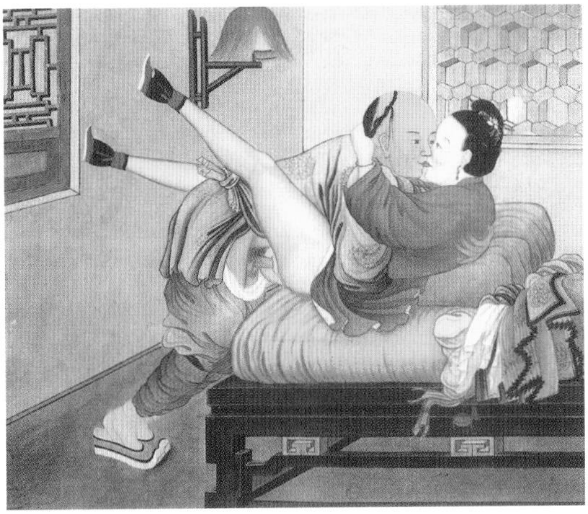

6-7 在束腰鏤空紫檀矮榻上，綠衣婦女仰躺在被褥上，雙腿高舉，摟吻著俯壓在她身上的年輕男子，脫下的桃紅繡裙和青竹布袷褲無暇細細摺好，被凌亂散置一邊，女子雙腿前傾，說明雲雨的時間略長，她已漸漸無法維持原本的「鳳翔」姿勢。屋中毫無陳設，只牆上木條釘的冠架上，掛著一頂京官夏季戴的涼帽，以玉草編成，外綴紅纓。清乾嘉年間春畫。

6-8　與圖6-9同一套冊頁，畫廣東珠江流域的船妓營生。這些船妓全是被視為賤民不准上岸陸居、也不准與漢人通婚的蜑民，除了本業捕魚之外，只能以出賣皮肉賺取衣食所需。像清人趙翼《簷曝雜記》卷四〈廣東蜑船〉說的：「廣東珠江，蜑船不下七、八千，皆以脂粉為生計。……蜑女率老妓買為己女，年十三、四即令侍客，……每船十餘人恃以衣食。」蜑女因為是賤民，也不許纏足。

本圖畫一蜑妓在船頭以「鳳翔」之式高舉雙腿與客人交易之情景。艙面有一孔，用來插篙定船，所以知道是船首；若船尾（艄）則會繪有船舵、船櫓或船槳。清朝道光年間紙本粉彩畫。

昨夜同郎一處眠，

喫渠掀開錦被捉我腳朝天。

小阿奴奴做子深水裡螞蝗只捉腰來扭，

情哥郎好似邊江船擱淺只捉後艄掮。

前兩句是「鳳翔」之式，女孩快活地在下扭腰彷彿水蛭扭身；後兩句就換成了將女子兩腿扛上肩膊的「猿搏」，看起來像船夫碰到船隻在江邊擱淺，只好用肩去扛抬船艄呢！

◆◆◆

如果女子不想做愛而男子強求時，她是很難達到高潮的；如果女子自舉雙腿表達想要之意時，體貼的男人就該利用這大好時機充分滿足她。所以素女要男子在「鳳翔」之式中「深內玉莖，刺其昆石，尻急相薄」，而女子必然也會「堅熱內牽」，自動配合，這是掌握時間讓她迅速達到高潮的做愛技巧。

「鳳翔」是很容易讓女性獲得高潮的性姿勢，當女子仰躺而將兩腳垂直舉高時，陰道

6-9　這套冊頁的開數不詳，我在不同的書上見過七圖，本圖畫纏足女子坐躺在窗檯上（窗檯畫得失真）揚起雙腿，擺出「鳳翔」之式，男子面向而立，上身前傾，一邊敦倫，一邊雙手摸乳，還湊臉索吻、情話綿綿，女子的右腿舉累了，不覺垂下搭在男子的背上；脱下的衣裙散亂地堆在她身後，成了臨時的靠枕。女子的一雙小腳纏得連三寸都不到，足尖下垂，是標準的北方纏法，讓人猜想她應該是山西大同女子。清朝時，大同女子有三絕：一為皮膚白膩，二為重門疊戶（私處），三為蓮鉤纖小。清朝道光年間紙本粉彩畫。

的仰角也是垂直的，這給陽具進出時刺激陰道上方入口處二、三寸的G點，提供了絕佳的機會。每一次抽送，微微上揚的性具都能碰觸到女性這一敏感部位，尤其在抽出時，龜頭冠狀頭背的凸稜會刮擦到G點，給女性帶來最強烈的歡愉，所謂「肉重（粗）則進佳，稜高則退佳」，往往只抽出幾下就能立刻讓女性達到高潮而噴出大量愛液，這就是《素女經》上所說的「女陰開舒，自吐精液」，也即是今天我們常說的「潮吹」。

唐朝時，娶寧親公主爲妻、深受玄宗眷愛的駙馬爺張垍，曾寫過一篇〈控鶴監秘記〉，追憶前朝武則天皇帝後宮秘史說：千金公主向武氏推薦張昌宗「年近弱冠，玉貌雪膚，眉目如畫」，是面首的最佳人選；武氏有些遲疑，千金公主上前附耳說：「母后毋過慮，兒兼知昌宗下體矣……」武氏問她試過了嗎？她說她也想試，因爲母后的關係，所以不敢，只派了一名宮女去試，便要宮女據實稟奏。宮女說：「奴初遇昌宗時，（龜頭）似南海鮮荔枝，入口光嫩異常，稜張如傘，三四提後，花蕊盡開，神魂飛矣……」

所謂「稜張如傘」就是龜頭的凸稜很高、形狀似傘，「稜肥腦滿如鮮菌靈芝」，在抽提退出之際能刮擦到G點，才會讓女性「花蕊盡開，神魂飛矣」，達到「女陰開舒，自吐精液」的高潮。由此也可見「鳳翔」之勢對「稜張如傘」的男性尤其有利。

◆◆◆

「鳳翔」之式特別適合於雙腿修長勻稱的女性，可以讓男子一邊敦倫，一邊欣賞把玩她那雙

6-10 荒郊野外，一對熱戀的青年人躲在柳樹下石縫間野合，沒有纏足的村姑高舉一雙大腳以「鳳翔」之式與她的愛人交歡，還伸出右臂緊摟著男子，男子一臉笑意地側臉聽愛人說悄悄話，畫面洋溢著中國春宮畫少見的質樸動人的愛情氣氛。清朝同治年間春畫。

美腿：在流行纏足的古代，此式也是最宜玩弄三寸金蓮的姿勢，大大滿足了男人的戀足癖。

清朝康熙年間佚名所撰《巫山艷史》第八回說：北宋末年蘇州長洲縣書生李芳有友梅悅菴，邀李至家中結社讀書，準備應試；悅菴喜好男色，其繼妻月姬乃與李生通。書上說：

月姬脫得精赤條條，拍開兩腿、仰起肚皮，雙手抵在席上，歪著頭、閉著眼，任憑李生大抽大弄，提了兩足，顛個不住，左掏右掤，十分高興……。李生又……將月姬㩒在底下，拎起兩隻小腳來，看玩多時，連呼有趣，雙手提得高高的，一眼覷定陰戶掀進拖出，覷其出入之勢，扯得下面唧唧嘖嘖，一片響聲盈耳，月姬只叫爽快不絕……。

《巫山艷史》的作者只說李芳拎著月姬兩隻高聳的小腳，看玩多時，一邊大抽大弄，月姬便百般狂蕩，叫爽不絕，至於如何看玩，如何能讓月姬爽快，卻沒有詳細說明。

在民國初年天津姚靈犀編著的《采菲錄》書中，多處都強調三寸金蓮是古代中國婦女的性感帶，男子只要緊握狠捏或嚙咬啜含，女人牝戶立即春潮泉湧，再難矜持而騷態畢露了。

「看玩多時」究竟有那些玩法呢？在《采菲新編》中有眠雲的「翫蓮舉隅」，說用耳、目、口、鼻、手、足、肩、體、勢去玩女人小腳，共有五十二種玩法，去其重覆者，仍有四十八種。以「鳳翔」之式而言，男人舉著女人高蹺的雙足，可用目視（細察），可用鼻嗅、吸、捏、搔、捻、捉、挖、脫、剝、纏、打，招招可令女子春心蕩漾，百媚橫生。

就像《采菲四錄》中綺龕的〈蓮供〉一文所說：「林霞豐姿秀媚、細步姍姍，……凡所暱者一握雙弓，彼春潮即湧，春情即熾，展轉含顰，一若十分難捱者；善弄蓮者，以掌當足背、以

6-11 「鳳翔」之式原本規定女子平躺在床上，但是也可以坐在椅上玩，只要她高舉雙腿。「坐式鳳翔」讓站著的男子更便於聳腰擺臀、久戰不疲。清中葉春畫。

指抵趺心，握愈緊則情愈濃，……只覺一縷熱流奔馳洞口，其意境眞令人欲仙欲死，而其熱其妙迥非當之者所能領略得也。」

「鳳翔」之式中，女子自動高舉著平素羞於見人的一雙小腳，在雙足性感程度大於牝戶的古代中國，雙腿高舉的「鳳翔」實較仰天張牝的「龜騰」更加冶艷撩人，男子當然不會錯過這個玩弄雙足的大好機會，誠如《采菲新編》書中一首〈蓮事雜詠．玩弄〉所形容的：

窄窄春弓掌上兜，
軟紅一捻倍溫柔，
輕籠淺捏摩挲遍，
猶自輕狂嚙鳳頭。

即便在早已不纏足的今日，以「鳳翔」之式交歡時，男子依舊可以輕捧著女子高舉的雙足，摩挲摳捏舔復嚙，一樣能夠讓仰躺的女子展轉含顰，欲仙欲死。

◆◆◆

「鳳翔」之式要女子自舉其腳，就算有雙手扶持，恐怕也不耐久：體貼的男人想出了兩全其美的辦法——用布帶將垂直高舉的雙腿拴牢吊起，就不勞女子費力護持了。這個貼心的創意是西門慶首先想到的，最早出現在《金瓶梅詞話》第二十七回〈李瓶兒私語翡翠軒　潘金蓮醉鬧葡萄架〉。書上說：

婦人（潘金蓮）又早在（葡萄）架兒底下鋪設涼簟枕衾停當，脫得上下沒條絲，仰臥於袵席之上，腳下穿著大紅鞋兒，手弄白紗扇兒搖涼。西門慶走來看見，怎不觸動淫心？于是乘著酒興，亦脫去上下衣，坐在一涼墩上，先將腳趾挑弄其花心，挑得淫津流出如蝸之吐涎，一面又將婦人紅繡花鞋兒摘取下來，戲把她兩條腳帶解下來，拴其雙足，吊在兩邊葡萄架兒上，如「金龍探爪」相似，使牝戶大張，紅鉤赤露，雞舌內吐。西門慶先倒覆著身子，執麈柄抵牝口，賣了個「倒入翎花」，一手據枕，極力而提之，提得陰中淫氣連綿，如數鰍行泥

6-12　明末崇禎年間木刻版畫《金瓶梅詞話》插圖。萬曆四十五年刻印於蘇州的一百回《金瓶梅詞話》，過了二十年左右，到崇禎年間在杭州出現了插圖版，每回兩圖，共兩百張木刻版畫，圖稿不知出於那位畫師，刻工有五人，全來自安徽歙縣（新安）；劉應祖、劉啟先、黃子立、黃汝耀、洪國良。

本圖為劉啟先所刻，描繪潘金蓮一絲不掛，兩腿高舉，吊掛於葡萄架下，任西門慶摟著丫鬟春梅戲耍，用黃李子往牝戶投去，玩「金彈打銀鵝」的「投肉壺」之戲；潘金蓮雙腿高舉，正是「鳳翔」之姿勢。對於無力持久舉腿的女性來說，用布帛繩索將兩腿拴吊起來，也不失為一個兩全其美的方法。

淖中相似，婦人在下沒口子呼叫「達達」不絕……

在此處交歡場景，潘金蓮雖擺出了「鳳翔」的姿勢，西門慶卻沒有俯伏在她身上，而是背對著她俯身，四肢著地，將陽物導入牝中，玩「倒入翎花」之式。後來到七十九回〈西門慶貪慾得病　吳月娘墓生產子〉中，西門慶和僕人韓道國的妻子王六兒幽歡時，又將她兩腳吊起來玩，才是不折不扣的「鳳翔」：

西門慶……起來披上白綾小襖，坐在一隻枕頭上，(令)婦人仰臥，尋出兩條腳帶，把婦人(王六兒)兩隻腳拴在兩邊護炕柱兒上，賣了個金龍探爪，將那話放入牝中。少時沒稜露腦、淺抽深送，次後半出半入、才進長驅。……西門慶乘其酒興，把燈光挪近根(跟)前，垂首翫其出入之勢，抽徹至首，復送至根，又數百回，婦人口中百般柔聲顫語都叫將出來。

西門慶一邊抽送、一邊低頭看那話兒忙進忙出的模樣，顯然是蹲跪在女子股間的「鳳翔」之式了。兩處都提到「金龍探爪」，不外乎將男陽比作龍，女陰比作瓜，龍狀其威猛，瓜述其圓凸而已，與世人將牝戶比作桃實，稱探手摸牝為「葉下偷桃」意思相同。

「鳳翔」是國人閨中常用的招式之一，其流行的程度，在九式中約可排名五、六之間，較

「龍翻」、「虎步」、「魚接鱗」、「猿搏」略少，比「兔吮毫」、「蟬附」和「龜騰」多，與「鶴交頸」次數相當。

明朝中葉官至翰林侍講學士的廖道南，曾作〈裹足〉詩說：

白練輕輕裹，
金蓮步步移；
莫言常在地，
也有上天時。

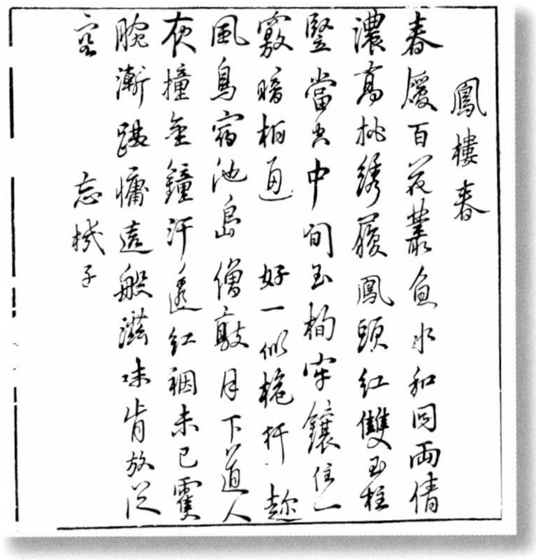

鳳樓春
春暖百花叢魚水和同兩情
濃高挑繡履鳳頭紅雙玉柱
豎當空中間玉栒牢鑲住一
竅暗相通　好一似桅杆趁
風鳥宿池島僧敲月下道人
夜撞金鐘汗透紅茵未已雙
腕漸疏慵這般滋味肯放從
容　忘機子

6-13　《花營錦陣》之第八圖。「鳳翔」之式女子高舉雙腿容易疲累，男子不妨抱持她的雙腿，使姿勢可以持久。忘機子題詞〈鳳樓春〉云：「春暖百花叢，魚水和同兩情濃。高挑繡履鳳頭紅，雙玉柱豎當空。中間玉栒牢鑲住，一竅暗相通。　好一似桅杆趁風，鳥宿池島，僧敲月下，道人夜撞金鐘。汗透紅茵未已，雙腕漸疏慵，這般滋味，肯放從容？」

二十字無一粗鄙，而描摹冶蕩無匹；題作「裹足」是老實話，若題爲「鳳翔」就更耐人尋味了，因爲古人常將女子的三寸金蓮形容爲「鳳鈎」、「么鳳」、「鳳頭」、「鳳翹」……，雙鳳飛翔上天，何其神似也。

清高宗乾隆二十四年，三十六歲的翰林學士紀曉嵐赴山西主持鄉試，放榜次日，新科解元馮文正依例到衙門向主試官贄禮拜見、執門生之禮。當馮文正向紀曉嵐磕頭時，紀曉嵐忽然大笑不已。馮一臉錯愕，以爲自己失禮了，紀曉嵐笑著說：「不關你的事，是我看你磕頭，忽然想起一付妙聯：今朝門生頭點地，昨夜師母腳朝天。」

原來，紀曉嵐和妻子明玕在頭一天晚上，正巧以「鳳翔」之式敦倫呢，才能讓才智過人、詼諧幽默的他做出如此絕妙的對聯。

以上兩例說明了「鳳翔」是閨中常式，尤其盛行於流行纏足的明、清時代，文人雅士才能觸景生情，隨口賦詠於詩文聯句中。

今日，女性腿足仍舊是性感的焦點，有修長美腿、無瑕雙足的女性不妨多利用「鳳翔」之式展現自身長處，聰明的男士也不妨多運用此式以便同時刺激女性最敏感的兩個部位——陰道G點和足趾足心，相信你們會享有一次難忘的性愛歡愉。

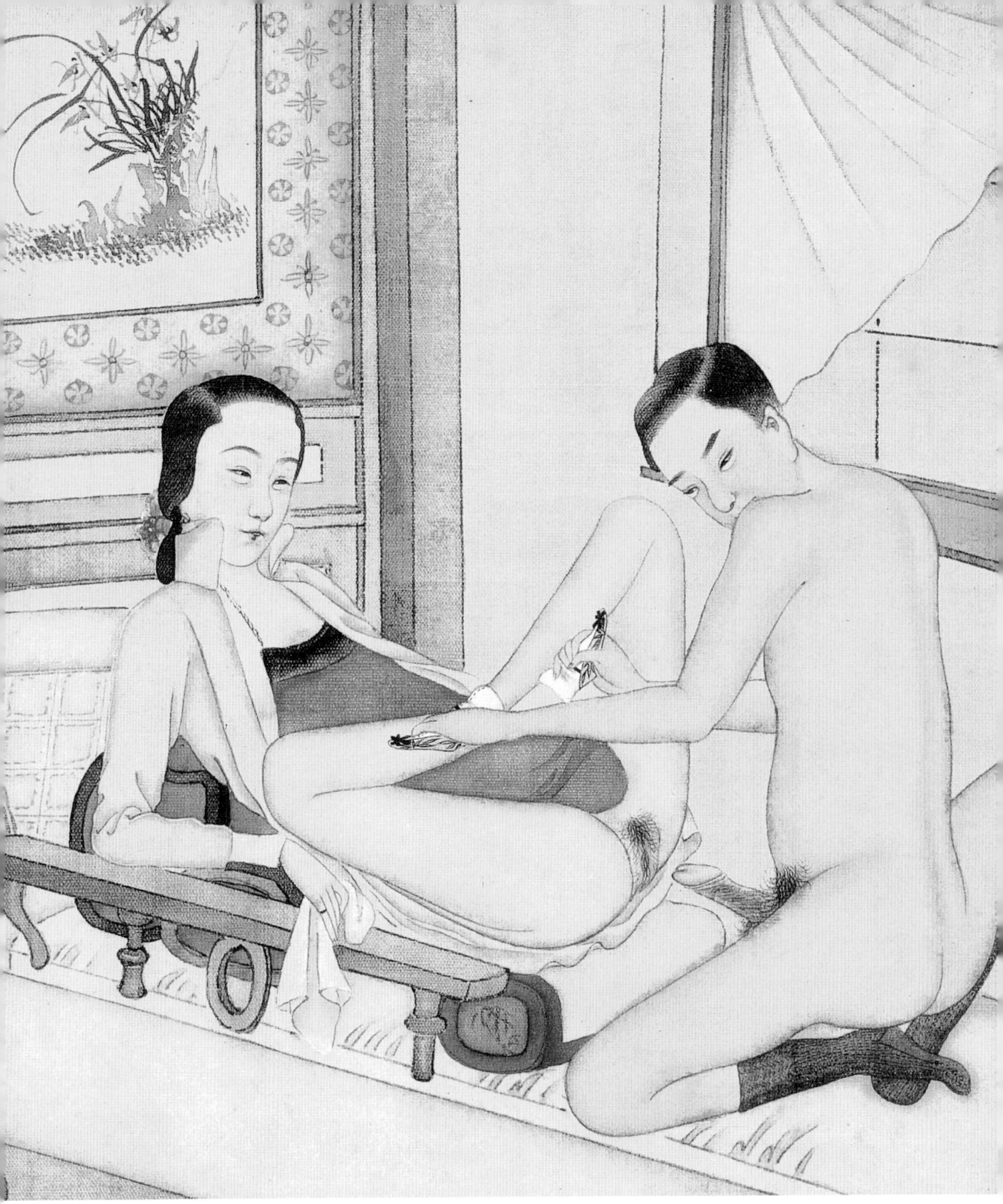

6-14 梳西裝頭、穿洋線襪的全裸男子與穿大紅肚兜披高領藕色長袖衫的纏足女子，在西式單人榻上以「鳳翔」之式交歡。諺云：「御男捏雀（音「巧」），御女捏腳。」男子正緊握女子的三寸金蓮，將高舉的雙腿交屈於面前，以便仔細賞玩。
這是民國初年上海妓院的一景，出自某位傑出佚名畫家之手，圖中男女線條準確嫻熟，姿勢別出心裁，顯示這位畫家受過西洋素描寫生的專業訓練，不是只會仿古臨摹的庸手。民初絹本春畫。

九法之七

兔吮毫

男仰臥，
女背向跨坐其上，
後入位，
像兔吮毛筆。

第七曰：「兔吮毫」。

男正仰臥，直伸腳，女跨其上，膝在外邊，女背頭向足，據席俛頭，乃內玉莖，刺其琴弦，女快，精液流出如泉，欣喜和樂，動其神形，女快乃止，百病不生。

第七法名叫「兔吮毫」。

要訣是：男子仰臥，雙腳打直，女子跨坐其上，兩膝置於男子雙腿外邊，面朝男子足部，雙手撐在床席上，低頭將牝戶對準陽具，把它吞吃下去，刺激陰道一寸深的「琴弦」部位，待女子快感來臨，愛液泉湧，欣喜和樂，心旌動搖，達到高潮後便停止交合，可使百病不生。

明朝嘉靖末年的《素女妙論》卷二〈九勢〉篇，第七個姿勢「兔吮勢」說：

先男子仰臥床上，直伸兩股，令女人反騎跨男子股上，手握郎中探房門，直穿琴弦，覺玉條堅硬，而後行淺深之法，則養血行氣，除四肢酸疼。其法如玉兔跳躍之狀，忽蹲忽跳，出沒不定，只不失其真，則能捉蟾魄於九霄。

7-1　「男正仰臥，直伸腳，女跨其上，膝在外邊，女背頭向足，據席俛頭，乃內玉莖。」此圖為標準的「兔吮毫」，幾乎讓人疑猜明中葉這位畫風類似唐伯虎的春畫高手，原是為「素女九法」作插圖而完成了這套冊頁；同一冊頁的另一幅見「龍翻」圖1-1。明朝中葉春畫。

明朝末年的《僧尼孽海》乾集〈西天僧西番僧〉，說喇嘛和尚教元順帝房中術，有九種性姿勢，第七稱「兔吮勢」：

男子仰臥，直伸兩股，女子反坐玉莖之上，面向男足，兩股在男腿邊，按席低頭，握玉莖刺其麥齒，玉莖堅硬，行四淺一深之法，徐徐抽動，自然暢美。

比較三處說法，姿勢是完全相同的：男仰臥，腿伸直，女背向男子，面朝男子足部跨坐在他的小腹上，自己把男陽導入陰戶中，主動操控做愛進度，直到高潮來臨爲止。不同的是深淺方式，《素女經》要求女子利用龜頭磨刺陰道一寸深的琴弦部位，女子必需始終保持身子虛懸而不能坐實，不免強人所難；《素女妙論》便改爲先磨刺琴弦，等陽具堅硬後再行淺深之法；《僧尼孽海》大致與《素女妙論》相同，但磨刺稍深，及於二寸的麥齒，玉莖堅硬後淺深則明確地說明是四淺一深，更要求女子徐徐抽動，以免不慎脫出壓斷壓傷了男陽。

看得出來，隨時代的早晚，對「兔吮毫」的姿勢說明更細膩合理而有所進步。

7-2　明朝萬曆年間絹本春畫。這是一幅中規中矩卻不夠精緻的作品，也許只是個臨摹的作品。圖中男女在家中貯放畫卷古玩的閣樓中舖設涼蓆避暑午睡，情不自禁地以「兔吮毫」之式交歡起來，情景很像《金瓶梅詞話》第六回裡西門慶和潘金蓮的那場偷歡：「才去倒澆紅蠟燭，忽然又掉夜行船。」如果真是如此，那麼此畫的年代最早也只能是萬曆末年了，因為《金瓶梅詞話》初版刊印於萬曆四十五年。同一冊頁的另一圖見「蟬附」圖4-1。

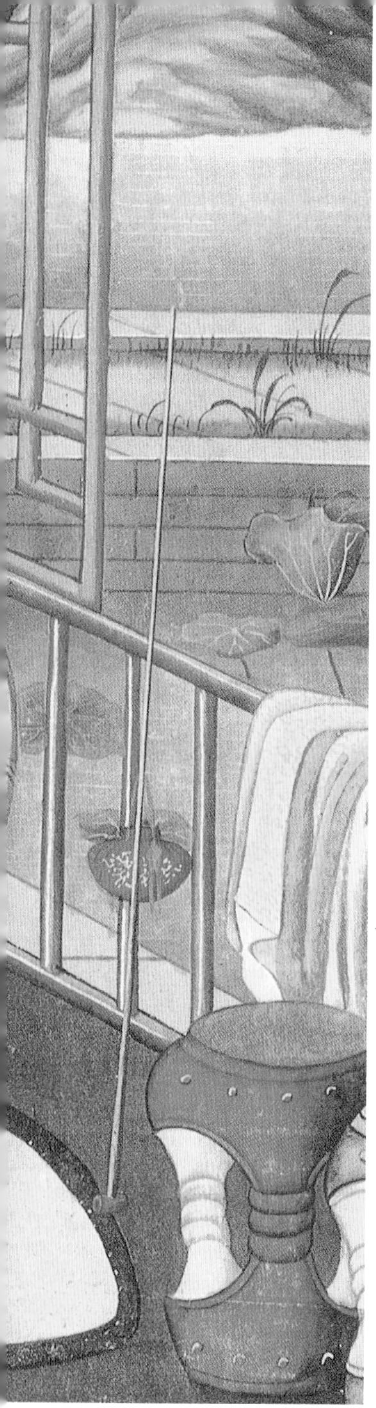

為什麼叫「兔吮毫」？

因為兔子靜止時就是屁股坐地、前肢俯撐的，女子跨坐在男子小腹上，肥白豐滿的背影也像極了毛豐圓潤的白兔。「吮」是形容陰戶的動作，要收縮膣口好像在吞吮一般，不能只是插入抽出而已，「毫」是毛筆或毛筆頭，暗喻男陽或龜頭，如照字面解釋為陰毛，說此式像兔子自舐其陰毛，就是誤以為「毫」只有「細毛」一解，無法自圓其說了。

《素女妙論》一貫地對「兔吮毫」的名稱由來也作了解釋，說女子騎跨在男子腹股上，要像白兔那樣忽蹲忽跳地吞吐男陽，才算做到「吮毫」的要求；而男子要以靜制動，只要堅持不洩，最後「敗下陣來」的還是那隻「白兔」。

「兔吮毫」是個古老的性姿勢，猜想它在男性還未掌控一切大權的母系社會時就十分流行了。在那個一切都是女性說了算的遠古時代，當然會出現女性要求男人乖乖地躺著，讓她們跨

7-3　清朝乾嘉年間春畫，仿畫家郎世寧畫風的作品。此圖描繪滿族貴冑與妻妾敦倫情景，天足的年輕旗女以「兔吮毫」之式背向跨坐在男子的陽具上，年近半百的男子安坐在藤椅上，細細欣賞牝戶吞吮「毛筆」的香艷光景，一邊伸右手去掌控女子起伏晃動的節奏。明明是由女性主動的性姿勢，卻依舊成了男人主導的局面。
圖右斜倚在欄杆上的是一根旱煙杆，上頭吊掛的紅色荷包是煙袋（俗稱「煙荷包」，裡面裝著皮絲煙）。當時年輕人流行吸短的旱煙杆，上了年紀的人則吸長的，有些煙杆長到自己無法點燃，需他人代勞，那時行旅多半步行或以馬代步，長旱煙杆兼有驅狗擊蛇、撥草探路和拒敵防身的功能。

坐在他身上，面向也好、背向也好，深淺快慢都由她們掌控著，一直玩到男人的那話兒軟掉爲止。這就是後來流傳到先秦時代的竹書《合陰陽・十節》裡的「兔騖」和「魚嘬」，在漢朝的《素女經》中稱爲「兔吮毫」和「魚接鱗」（面向仰躺男子的女上位）。

有了這樣的認知，我們才能理解爲什麼從男性觀點看來如此無趣乏味的性姿勢，會出現在「素女九法」之中。

張果倒騎驢

從男人的眼光看來，「兔吮毫」的確是所有性姿勢中最乏味的姿勢了。他看不到女性臉上的表情，看不到她性感的乳房，也看不到她可羞的私處，男人只是被動的、受人支配利用以達高潮的工具罷了，全身上下除了那話兒以外，全都置身事外、漠不相干，彼此的互動最少，又怎能讓男人興奮激動呢？

難怪這個性姿勢在後世的色情小說中出現的次數最少，男人都不太中意這個姿勢，除非偶爾變變花樣時，才會用到它。

像晚明短篇小說集《別有香》第四回〈潑禿子肥戰淫孀〉裡，說淫僧了空與年輕寡婦萬氏在松林禪院參歡喜禪，玩過許多性花樣後，「了空上床，乃自仰臥，令婦背坐莖上蹲耍。婦（萬氏）問：『何套？』了空道：『張果倒騎驢。』」

張果就是八仙之一的張果老，民間相傳他頭戴方巾，手持魚鼓，隱居於恒州中條山，往來於汾、晉間，得長生秘術，常倒騎一白驢，日行數萬里；休息時，將驢折疊成紙，收入巾箱

7-4 這是畫得相當細緻的一套春畫，背景花木的點染毫不馬虎，人物的姿勢結構也尚稱合理，是清中葉一位繪技嫻熟的職業畫師的作品。圖中一對男女在庭園水榭中席地交歡，女子俯伏而非坐跨，男子仰坐而非平躺，把原本由女性主動套吮的「兔吮毫」改變成由男性主動從後下方往上挺搗的姿勢。

中，乘騎時再取出，含一口水噴之復變成驢云云。在清朝康熙年間刊印《仙佛奇蹤》卷二裡，還有這位仙人的木刻版畫圖像。如果女背向坐男股上的「兔吮毫」被另取名為「張果倒騎驢」倒也十分貼切，但把了空和尚比成驢，則是更生動的諷刺，因為中國人一向將和尚貶稱為「禿驢」，由此也可見《別有香》作者之深刻幽默。

夜行船

除了《別有香》之外，明朝萬曆年間著名的《金瓶梅詞話》一書中，也有一處提及此式。書上的第六回說西門慶與新寡的潘金蓮偷歡，「那婦人枕邊風月比娼妓尤甚，百般奉承，……才去倒澆紅蠟燭，忽然又掉夜行船……」「倒澆紅蠟燭」就是男仰臥女面向坐騎男子胯間的「魚接鱗」，俗稱「倒澆蠟」；「夜行船」則是背向騎坐仰臥男子胯間的「兔吮毫」，因為「掉」指轉身、轉向，把男子形容成船，女子在男人身上吞吮套動便稱為「行船」了。兩句相連，知道潘金蓮先面向仰臥的西門慶跨坐套動，而後又轉身成背向西門慶，繼續騎跨自動，以顯示亡夫屍骨未寒的潘金蓮如何不知羞恥主動求歡，行徑比娼妓還過分。

夜行船讀音「野航船」，也有人稱之為「野航船」或「夜航船」者，是浙江水鄉古老的交通工具，至遲在明朝已經出現了，到民國以後還在使用，有五百年以上的悠久歷

7-5 「兔吮毫」在明朝時又稱「張果倒騎驢」，此圖描繪逼真，彷彿女性倒坐在男子身上的模樣，但把仰躺的男子比擬成驢，大有譏諷之意；倒坐的張果老可以成仙，被騎的驢子則始終是一頭任人使喚支配的呆驢而已。就像廣東人稱那話兒的「憨狗」，此間深意耐人尋味。清康熙年間列印《仙佛奇蹤》木刻版畫「張果」。

7-6　與圖7-4相似，一樣是一對男女在庭園水榭涼亭中以「兔吮毫」之式交歡，害羞的女子雖然按照男人的要求背向跨坐到男人身上，卻不敢主動套入，只得由男子代勞，用左手扶持著那話兒細心對準洞口，還用右手按著女子的屁股，示意要她往下跪坐。本圖一樣是清中葉職業春宮畫家的作品，繪畫技巧還略遜於前圖的畫家。

畫中的西洋式躺椅是清中葉以後才傳入中國的上海（道光二十二年、西元一八四二年「中英南京條約」開放上海為通商港口，許英人自由居住貿易），這種今日仍出現在歐美庭院中的靠背單人扶手躺椅，在「鳳翔」一章中的圖6-14也可見到。

史。一九六〇年周作人寫《知堂回想錄》，第二十七節「夜航船」，回憶清末民初時他家鄉紹興的這種水上交通工具說：鄉下不分遠近，白天都有公營的運輸工具，稱爲「埠船」，到晚上就不開船了，另有私人民營的船隻在晚上營業，稱爲「航船」，也叫「夜航船」。埠船和航船都是用竹編夾箬、屈成拱形的船篷在兩邊船舷固定住，高可容人站立，再上漆以防雨水滲漏。埠船漆白色，航船漆黑色，又稱「烏篷船」。夜航船大者可容數十人，一般都是販夫走卒搭乘，夜發曉至，艙中可坐可臥，但髒臭擁擠不堪；小者較矮而窄，才容一、兩人，乘客坐在船底席上，蓬頂離頭兩、三寸，兩手張開可伸出舷外。

在《金瓶梅詞話》第六回中以「夜行船」形容「兔吮毫」的性愛姿勢，大概是說仰躺男子好像航船，女子倒坐在他身上，就像坐夜航船一般隨水上下顛簸吧。

背飛鳧

「兔吮毫」除了「夜航船」的別稱外，還看個雅致的稱法，叫「背飛鳧」，也就是背向而飛的野鴨。在初唐佚名方士《洞玄子》書中的「卅法」，第十二法稱「背飛鳧」：

男仰臥，展兩足，女背面坐於男上，女足據床，低頭抱男（股），玉莖內於丹穴中。

野鴨浮游於水面，低頭覓食，身子顛動不已，和「兔吮毫」之式相仿，遇驚嚇則背向四散飛逃，也和女子背向坐在男子身上近似，所以《洞玄子》才將此式取名「背飛鳧」吧。

民初佚名編著《愛情秘記》中有一則〈時髦的性交姿勢〉，第二十二式爲「伏地虬腳」說：

7-7　此畫是明萬曆年間徽派刻工的作品，刻繪一男子以馬背當床榻，仰躺在上，讓黑衣女子背向跨騎吞吮陽具，女子手持馬鞭鞭馬前行，藉行進顛簸得以上下套動取樂，真可謂「奇技淫巧，匪夷所思」。圖中男戴幞頭，女梳椎髻的人物造型，在明朝萬曆年間安徽新安汪氏刻版《繪圖列女傳》中可以找到無數例證，因此我們才得以推斷這幅「馬背兔吮毫」版畫的年代與產地。

男子平臥床上，女子背著男子而蹲，好似騎馬一樣，把陰莖插入陰戶之後，便可自由抽送，上上落落。男子雙手從後伸過女子前面撫摸雙乳。女子抽送的話，切不可起身太高，因為一起高，陰莖容易滑下（脫出）了……。

「虬」作「屈」解，「伏地虬腳」就是形容女子蹲踞伏首的模樣，對「兔吮毫」強調背向蹲踞男子身上，以別於面向蹲踞的「魚接鱗」，《愛情秘記》的「伏地虬腳」一詞顯然不夠周密，沒有細分是面向還是背向跨坐的女上位。

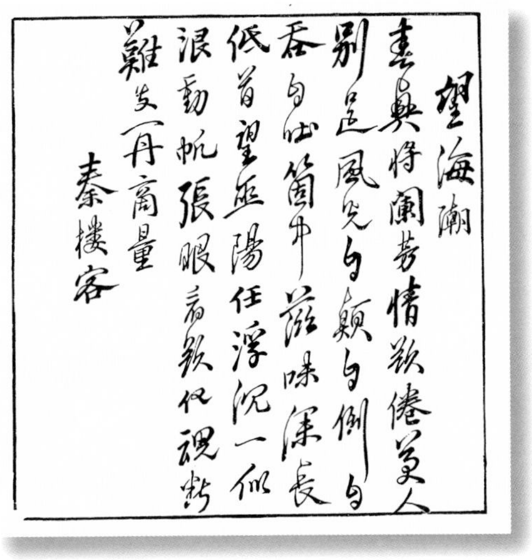

7-8　這是《花營錦陣》的第三圖，描繪江南豪富之家，夫妻在華麗的地毯上以「兔吮毫」之式交歡，女子背向蹲跨在仰躺男子的身上，雙手抓緊男人的兩腳，俯身低頭回看牝戶吞吮陽具的情景。她的三寸金蓮尖端上翹，屬於南式纏法，可知這是江南人家的閨中秘戲；若是北式纏法，女人的大趾尖是往下翹，像下弦新月狀的。
圖左側有秦樓客題詠〈望海潮〉詞云：「春興將闌，芳情欲倦，美人別逞風光，自顛自倒，自吞自吐；箇中滋味深長。低首望巫陽，任浮沉，一似浪動帆張。眼看欲化，魂斷難支，再商量。」

後庭花

明、清兩朝是中國同性戀最盛行的時期，有些兩性通吃的大男人，在與女性交歡時往往行不由徑，要出入她的肛門玩後庭花；「兔吮毫」原本是讓女子以牝戶吮吞男陽，竟然也有仰躺的男子要背向坐在他胯間的女人用後庭花來吞吮男陽。在清初人曹去晶《姑妄言》第十三回中，紈褲子弟阮優與寡嫂郟氏亂倫時，便經常玩寡嫂的後庭花，有一回邊玩還邊問郟氏有沒有如此跟丈夫和情人（郟氏曾與公公阮大鋮、家僕愛奴有私）玩過？

> 郟氏說：「啐！怪短命的，你把我看得太不值錢了，這是我愛你的很，才憑你翻來覆去的受用，你倒疑我同他們這樣。」
> 阮優道：「我同妳背後走得多次了，今日弄個新樣兒。」
> 郟氏道：「怎麼樣弄呢？」
> 阮優道：「等我仰睡著，妳跨上我身來，臉向腳頭，背（著）套在屁眼內，妳兩隻手拄在褥子上，我用手搗著妳的屁股，一起一落，看那出進的勢子，妳低著了頭也看得見，可不妙麼？」郟氏也就依他，便不見說話，只聽得吁吁喘氣……

7-9　清中葉春畫。在室內的矮榻上，一對全裸的男女正以「男坐式兔吮毫」交歡，原本仰躺的男子不甘被動套牢，坐起上半身來撫弄女子乳房，女子也配合地扭過身去，任其撫摸。這套畫在纖維較粗的稻草紙作畫，在「龍翻」、「龜騰」中都有圖例出現，因為有些畫中出現英國維多利亞畫風，人物造型似歐洲油畫，學者專家以為是西洋畫家仿中國春宮的摹本，但更有可能是廣州一帶專門賣給洋人的外銷畫，才會投其所好，把人物畫得立體而豐滿，並且添加西洋風味的傢俱背景。

7-10　清朝中葉春宮畫。這套作品可能也是清中葉時廣州一帶的外銷畫，因為圖中女子的三寸金蓮特別小，小到不足三寸，而廣東女子在清朝向以纏得最小出名；此外，把女子畫得較肥胖豐滿，也是為迎合洋人審美觀需要。
背向跨坐在男人身上的女子，身體前傾，雙手據席，可稱為「女俯式兔吮毫」，邊吮吞著男陽，邊回首含情凝視男子，神情極為嫵媚動人。

「兔吮毫」被曹去晶變出這樣的玩法，相信是當初《素女經》作者作夢也沒有想到的事情吧！《姑妄言》書中的性花樣往往匪夷所思，是號稱千古第一淫書《金瓶梅》的百十倍，凡是今人所能想像出來的性愛招式幾乎書上都有，而且比你所想像的還要香艷荒誕，可是世人卻往往只知有《金瓶梅》而不知有《姑妄言》，名聲的彰顯隱晦真有太多運氣的成分在內啊。

◆◆◆

推想當初在「九式」中安排此式，是考量到有些帝王年老力衰，不如讓女性採取主動，以逸待勞，是一種貼心的設計。而且，「兔吮毫」應該只是一個過渡的橋段而已，如果男女以「虎步」之式歡愛，要轉變成「魚接鱗」或「鶴交頸」時，就必然少不了「兔吮毫」，否則就必須將兩性性器脫開，重新來過。

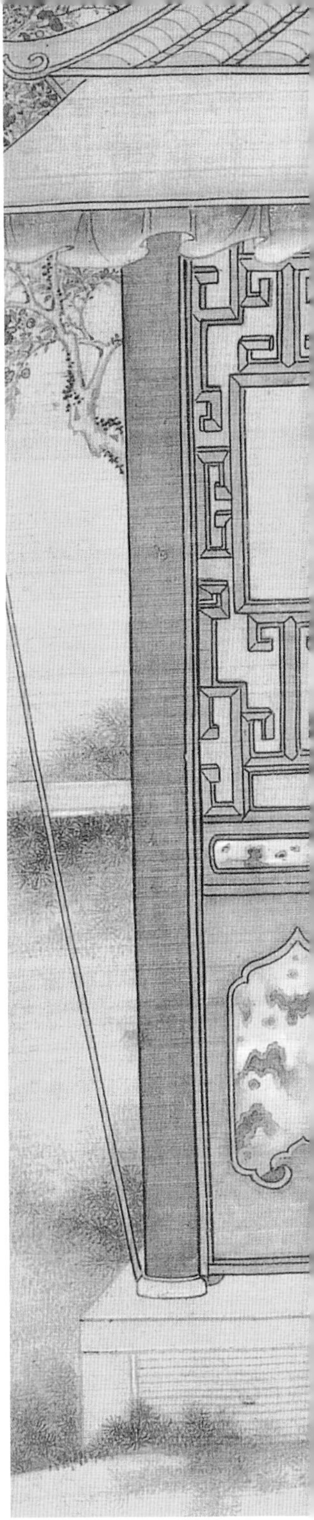

7-11　這套精緻華麗的作品在「虎步」、「猿搏」和「魚接鱗」、「鶴交頸」等篇章中都有圖例出現。一對夫妻在後院庭前屏風圍繞的斑竹榻上，脫得一絲不掛，以「兔吮毫」之式交歡，背向跨坐在男子身上的婦人把身子往後仰，方便男人吮吸她的乳房，可稱作「女仰式兔吮毫」。清朝乾隆初年徐莞作品。

要是不想讓交合中斷，在做完女俯跪、男跪女後的「虎步」，最自然的變換姿勢就是男從女背後摟著女腰，由跪式變換成坐式，讓女子背向坐在坐著的男子懷中，男再伸腿向後仰躺，就成了「兔吮毫」。女子自己跨坐在男子身上套動一番後，可以慢慢轉動身子，由背向換成面向仰躺的男子，就成了「魚接鱗」，再拉男子坐起，相擁而交，就成了「鶴交頸」，男子再壓女子後仰平躺，就成了「龍翻」……，這些綿密不斷的姿勢變化，要靠「兔吮毫」作橋段才能「一氣呵成」而絕無冷場。

「兔吮毫」也不是只有男女性器粘合，其他部位完全不發生關係那麼單調，男子可以伸手捏玩跨坐女子後屈的兩腳；男子也可以背靠枕褥，讓上半身弓起成半坐半躺之式，伸手去摸弄女子的乳房，稱爲「男坐式兔吮毫」；女子也可以把身子往後仰或扭轉過去，更方便男人的摸乳吮奶，稱爲「女仰式兔吮毫」，都可稱爲「（女坐式）兔吮毫」的變化。

「兔吮毫」是女性採取主動的一個姿勢，對害羞的女性而言，一開始就要求她面向男子跨坐在仰躺男人的身上「倒澆蠟」（即「魚接鱗」式）、自己聳動取樂也許很難，不妨要求她先背對著男人玩「兔吮毫」，等她駕輕就熟、嘗到樂趣時，再要她轉過身子來就容易多了，或許這就是爲什麼「兔吮毫」之式在中國春宮畫中並非罕見的原因吧。

7-12　本圖描繪江南豪富在自家園林水榭中與寵妾交歡的情景，兩人都脫得一絲不掛，寵妾背向跨坐在仰躺的丈夫身上，雙手扶靠在他屈起的膝蓋上，正忙著上下套動，以「兔吮毫」之式取悅夫君。男子似乎很中意愛妾的小腳，興致勃勃地把玩著她的三寸金蓮。

左側灑金宣有白沙臥芸山人的題詩說：「池邊交頸繡鴛鴦，一樣溫柔一樣香，滿樹梨花頭已白，海棠低壓不勝芳。」旁註云：「雅宜山人送文待詔（文徵明）納寵詩有滿樹梨花壓海棠之句，至今膾炙人口，余仿其意韻之，不免有出語雷同之誚。」清朝中葉絹本書畫，這套冊頁共十二開，在「猿搏」中介紹過其中的一張。

九法之八

魚接鱗

男仰臥，女面向跨坐其上，前入位，像游魚嘬物。

有
餘

第八曰「魚接鱗」。

男正偃臥，女跨其上，兩股向前，女徐內之，微入便止，才授勿深，如兒含乳，使女獨搖，務令持久，女快男退，治諸結聚。

第八法名叫「魚接鱗」。

要訣是：男子仰臥，女面向男子頭部跨坐在他的身上，大腿向前，慢慢將陽物吞入，男陽要淺入便止，不要插得太深，好像嬰兒含著奶頭一般；讓女子自己去搖晃，男子要堅持到底，等她達到高潮後就退出牝戶，可以治療女性六腑（胃、膽、三焦、膀胱、大腸、小腸）邪氣結聚所引起的食慾不振、形體羸瘦、腹部疼痛等疾病。

《素女妙論》卷二〈九勢〉篇，第八個姿勢「魚唼勢」名稱與「魚接鱗」近似，順序也相同，但內容卻完全不一樣了：

令二女子一仰一俯，互摟抱以為交接之狀，牝戶相合自摩擦，則其魚口自開，猶游魚唼萍之形。男子箕坐其側，俟紅潮喘發，先以手探兩口相合處，將莖安其中間，上下乘便，插入

105

台北市南京東路四段25號11樓

大辣出版股份有限公司　收

廣告回信
台北郵局登記證
台北廣字第000144號

地址：　市/縣　鄉/鎮/市/區　路/街　段　巷　弄　號　樓

姓名：

(請寫郵遞區號)

not only passion
大辣

謝謝您購買這本書！

如果您願意，請您詳細填寫本卡各欄，寄回大塊文化（免附回郵）即可不定期收到大辣的最新出版資訊及優惠專案。

姓名：＿＿＿＿＿＿＿＿ 身分證字號：＿＿＿＿＿＿＿＿ 性別：□男 □女

出生日期：＿＿＿年＿＿＿月＿＿＿日 聯絡電話：＿＿＿＿＿＿＿＿

住址：＿＿＿＿＿＿＿＿＿＿＿＿＿＿＿＿＿＿＿＿

E-mail：＿＿＿＿＿＿＿＿＿＿＿＿＿＿＿＿＿＿＿＿

學歷：1.□高中及高中以下 2.□專科與大學 3.□研究所以上

職業：1.□學生 2.□資訊業 3.□工 4.□商 5.□服務業 6.□軍警公教
7.□自由業及專業 8.□其他＿＿＿＿＿＿＿＿

您所購買的書名：＿＿＿＿＿＿＿＿＿＿＿＿＿＿＿＿

您從何處得知本書：1.□書店 2.□網路 3.□大塊NEWS 4.□報紙廣告 5.□雜誌
6.□新聞報導 7.□他人推薦 8.□廣播節目 9.□其他

您以何種方式購書：1.逛書店購書 □連鎖書店 □一般書店 2.□網路購書
3.□郵局劃撥 4.□其他＿＿＿＿＿＿＿＿

閱讀嗜好：

漫畫類：1.□文學 2.□歷史傳記 3.□社會人文 4.□音樂藝術 5.□幽默搞笑
6.□科幻冒險 7.□其他＿＿＿＿＿＿＿＿

性愛類：1.□哲學心理 2.□醫學保健 3.□指南 4.□言情小說5.□成人漫畫
6.□其他＿＿＿＿＿＿＿＿

對我們的建議：＿＿＿＿＿＿＿＿＿＿＿＿＿＿＿＿

＿＿＿＿＿＿＿＿＿＿＿＿＿＿＿＿＿＿＿＿

＿＿＿＿＿＿＿＿＿＿＿＿＿＿＿＿＿＿＿＿

8-1　荷花盛開的仲夏午後，男主人仰躺在華麗的織蓆上，讓愛妾跨坐在他勃起的陽具上，以「魚接鱗」之式交歡。女子雙手撐蓆，以便控制身子坐下去的力道，不致於過於莽撞，正與《素女經》上的要領「女徐內之，微入便止，才授勿深，如兒含乳」相合。如此一絲不掛地白晝宣淫，真是懂得享受人生。清朝乾隆初年徐莞作品。

兩方交歡；大堅筋骨、倍力氣，溫中，補五勞七傷。其法如游魚戲藻之狀，只以唼清吐濁為要。

與「素女九法」的「魚接鱗」相比較，首先是名稱上用「魚唼勢」，「唼」音「煞」，是魚吞吃水藻所發出的聲音，這種稱法與先秦竹書《合陰陽》的〈十節〉裡的「魚嘬」勢相通，「嘬」就是吞食之意。「魚唼」或「魚嘬」都是形容牝戶吞食男陽的形狀；而「素女九法」的「魚接鱗」則是說魚側身磨擦接觸鱗片，在母魚產卵、公魚授精時，會出現這種動作，也與交媾有關，卻是體外受精了。兩相比較，「魚唼」或「魚嘬」，似乎比「魚接鱗」更勝一籌，因爲自然界的魚接鱗是公魚，而性姿勢的「魚接鱗」是女子，稍有不合處。

其次，「素女九法」的「魚接鱗」是男仰臥，女面向跨坐在男子身上，主動套弄交歡；《素女妙論》的「魚唼」勢卻成了兩女互摟「磨鏡」，男子箕坐在她們的股間，輪攻上下，是三人的交歡，又把主動權奪了回來，名稱近似，內容完全不同了，說的是另一個性姿勢。

《素女妙論》的「九勢」名稱和順序與「素女九法」完全相同，內容也大致照抄而有所發揮詮釋，爲什麼一路抄下來，到第八式時卻戲劇性地獨創新招呢？或許「素女九法」的漢朝對母系社會記憶猶存，所以保留了兩個女性主動的做愛姿勢——「兔吮毫」和「魚接鱗」；又過了一千六、七百年到了明朝的《素女妙論》作者時，覺得此事可一不可再，又心想皇帝後宮妃嬪衆多，才移花接木設計出這個一男兩女的3P遊戲吧。

《素女妙論》的「魚唼」勢也有所本，抄自唐朝《洞玄子》一書「卅法」中的第十五法「鸞雙舞」：「兩女一仰一覆，仰者拳腳，覆者騎上，兩陰相向，男箕坐，著玉物攻擊上下。」鸞

8-2　一男仰臥，女跨坐其上，但是女子獨搖的時間稍久了，高潮漸湧，便情不自禁地俯下身去摟緊男人，男子也快活得舉腿揮舞。此圖姿勢摹自清朝初年的一幅春畫，原本是一對男女在棕櫚樹下太湖石旁以此式做愛，本圖則改為盛開的紫藤花架下。清中葉道、咸年間春畫。

爲雌鳳，「鸞雙舞」取名兩女相摟似翩翩起舞之形。這樣的玩法，我在明清色情小說中不曾找到一例；有十幾本書中曾描述兩女一男的性愛，但全是兩女輪番與男子交歡，一女做愛時，另一女旁觀或推男股或舉女腿助興而已，並未見有如「鸞雙舞」的香艷描述。

明朝末年《僧尼孽海》乾集〈西天僧西番僧〉中的第八式「魚游勢」顯然是抄襲《素女妙論》一書的講法：

> **第八，魚游勢，用二女一仰一偃，如男女交合之狀；男子坐看二女之動搖，淫心發作，玉莖硬大，便即仰臥，任二女自來執莖投牝，津液流通。**

這樣的說法有些含混不清，似乎前半段兩女作交合狀是採用《素女妙論》的姿勢，後半男仰臥任女（輪番）執莖投牝卻又採用了《素女經》的姿勢，成爲兩者的綜合體，卻組合得有些勉強無理。

◆◆◆

空翻蝶

因《素女經》在六朝戰亂時失傳，「魚接鱗」的性姿勢在後世出現了許多別名。唐朝初年的《洞玄子》性愛「卅法」中，稱此式爲「空翻蝶」，大概形容女子在上聳動有如空中翻飛的蝴蝶吧。

8-3 本圖描繪的情景是《素女妙論》第八勢「魚唼」，二女一仰一俯，互摟抱以為交接之狀，牝戶相合自摩擦，男子在後任意插入兩方交歡。如此香艷的玩法並非《素女妙論》作者所獨創，而是抄自唐人《洞玄子》「卅法」中的第十五法「鸞雙舞」。清中葉道光年間春畫。

倒插蓮花

後來明清色情小說中，又出現了種種別稱：序刊於晚明崇禎十三年的《歡喜冤家》第七回中稱此式爲「倒插蓮花」（一般插花是花蕊朝天，此式牝口朝下），同書第八回中又稱作「陰覆陽」；明崇禎末年的《別有香》第四回中稱此式爲「慢櫓搖樁」（樁指男陽）；清乾隆年間的《株林野史》第十一回中稱此式爲「朝天一柱（炷）香」（形容仰臥豎立的男陽）；清中葉《三續金瓶梅》第十一回中稱之爲「倒扳槳」（槳指男陽，本應朝下划動，今朝天故云「倒扳」）；清中葉《風流和尚》第九回稱作「騎木驢」；清末民初時又稱「倒垂楊柳」（見《愛情秘記》）、「騎師賽馬」（見《香閨妙術》）、「美女坐釘」（見《月夜風光》）、「彩鳳乘龍」（見《房中情趣》）、「船娘洗艙板」（同上）……。

騎木驢

限於篇幅，本文只引北京大學圖書館藏手抄本《風流和尚》一書的例子。書上說良家婦女花娘自娘家省親而回，半途遇雨，避於大興寺山門，爲寺內淫僧強拉入密室中姦淫多時，花娘苦苦哀求，老和尚淨心終於答允放她出寺，臨走前夜，淨心要花娘與他玩一個「倒澆蠟」：

> 淨心言道：「今夜妳弄我個快活，我便做主放妳。」花娘聽了，喜不自勝，便道：「我一身被你淫污已久，不知弄盡多少情形，我還有甚麼不願意處？任憑師父所為便了。」淨心

8-4　清朝乾、嘉年間春畫。辮髮的滿族男子全身赤裸仰躺在自家紫檀躺椅上，穿厚底女鞋沒有纏足的滿族貴婦也一絲不掛地忙著跨坐到丈夫身上，以「魚接鱗」之式交歡。女鞋是清初式樣，若是晚清就流行穿高底如方形花盆的高底鞋了。
圖左束腰條桌的三函線裝書上，放著一頂京官夏緯帽，紅纓帽頂上的頂珠是水晶，説明男子是個五品京官；圖右四足面盆架上，擱著一盆水，那是準備事後洗淨下身用的。

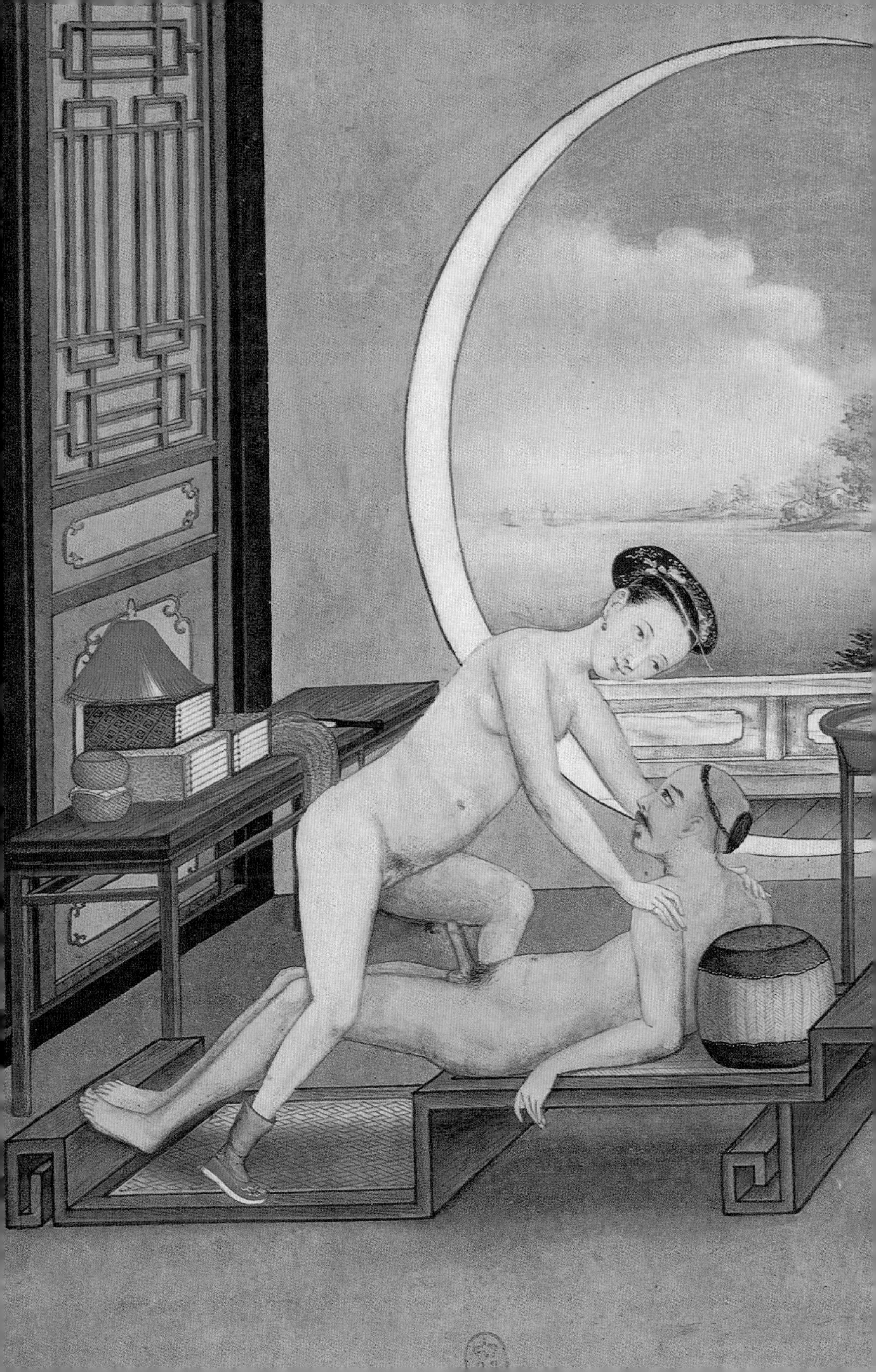

道：「春宮上寫著有一故事，俗家若是做來叫做『倒澆燭』，僧家叫做『騎木驢』；我仰在這裡，妳上在我身上騎著，若弄得我的（精）出，便見妳是真情。」

花娘笑道：「如此說，師父就是一個七歲口的蔥白大叫驢，這驢物（性具）又是倒長著，我若騎上去，你可別大顛大動的，將我跌將下來……」

這段文字說明了「魚接鱗」女上位在民間俗稱「倒澆燭」，出家人卻稱作「騎木驢」。為什麼叫「騎木驢」？不是像花娘說的那樣——笑和尚是公驢，驢屌還倒長在背上，而是另有典故，只不過《風流和尚》一書的作者不知道罷了。

在明朝時的法律規定，抓到謀殺親夫的淫婦姦夫要斬首示眾。臨刑前，淫婦還要被雙手反綁，跨坐在一具木製的驢背上遊街示眾，驢背中央有一根木製假陽具，淫婦坐時插入牝戶中，皂隸拖著木驢前行遊四門時，木驢會晃動，讓騎在驢背上的婦女臨斬首前還要另外多受罪，姦夫則反綁步行於後，任市民觀賞叫罵；皂隸還不時以鞭抽打淫婦，逼她唱曲娛眾。

我們在明代風流傳奇《刁劉氏演義》（一名《古本果報錄》或《果報錄》）第三十七回〈騎木驢唱曲遊門　正典刑法場活祭〉就可見上述殘忍的描述，反映出古代中國人對不貞婦女的變態仇視心理。通過《刁劉氏演義》一書，我們才知道以「騎木驢」來形容「魚接鱗」之式是如何的維妙維肖，絕不是《風流和尚》書中所解釋的一頭大公驢、那話兒倒長在驢背上了。

倒澆蠟

雖然「魚接鱗」有上述諸多異稱，但最通俗的還是「倒澆蠟」。

8-5　與圖8-4同一冊頁的另一幅作品。畫中女主角變成纏足的漢族女子，仰躺在內翻馬蹄榻上的男子大概也是漢人，一邊任妻妾坐在他身上套動取樂、一邊捏玩著她的三寸金蓮。一旁束腰四方几上的紅燭很有意思，因為男人的陽具常用蠟燭來影射，「魚接鱗」的性姿勢也被人們形容成「倒澆蠟」。清朝乾、嘉年間春畫。

「倒澆蠟」也有多種大同小異的稱法，在明刊《歡喜冤家》第八回中稱「倒澆蠟燭」，晚明《肉蒲團》第三回、清初《姑妄言》第十一回、清初《鬧花叢》第三回中都有同樣的講法，清乾隆年間《株林野史》第六回中稱「牛油倒澆燭」；晚清《碧玉樓》第七回中稱「羊油倒澆蠟」；《歡喜浪史》第九回中稱「倒澆一支燭」；《風流和尚》第九回中稱「倒澆燭」（見前引文）；程氏《笑林廣記》中「爭上下」一則笑話中稱「倒澆蠟」。

篇幅所限，本文中也只引一例。《姑妄言》第十一回說紈褲子弟宦萼與妻子侯氏敦倫，「侯氏……遂臥倒，直舒雙足，叫他上身來弄。宦萼道：『這個樣子也不知弄過幾千百回，熟得一點也沒趣了。妳上我身來，做個「倒澆蠟燭」還新鮮些。』

侯氏此時任他所爲，隨手而轉，一些也不拗他。宦萼仰臥在下，將屁股墊高，叫侯氏跨上身來，對準箕坐，盡根而入，她又使力墩（蹲）了兩墩，只剩二卵在外，間不容髮。侯氏覺得頂著裡面花心，酸酸癢癢，從未得此樂境，宦萼一手扳住她的腰，一手扶著她的股，侯氏也將手兩邊拄定，二人一齊用力，上下衝突，一個下坐、一個上迎，下下不離花心，戰夠多時，侯氏丟了一度……」

這種講法明顯的是將男陽比喻成蠟燭，但是爲什麼女子跨坐其上，流出淫水將陽具澆濕了，就稱作「倒澆蠟燭」呢？

原來古人製造蠟燭時，是用竹削成細長棍，用油燈將竹棍彎曲處燒直，稱爲「正桿」，再

8-6　清朝乾隆末年廣州外銷畫《澆燭》。澆蠟師傅坐在竹凳上，手持燭芯浸入膠筒中膠燭。此圖為已浸製好的白蠟燭再膠紅燭油，製成喜慶用的紅燭，稱「上紅」。師傅面前是普通的石爐鐵鍋，鍋中膠筒則是陶製，用鐵勺將鍋中溶蠟舀入膠筒中，在筒內膠燭是為了省蠟，因為鍋淺，溶蠟高度不夠。
師傅身旁為燭架，膠燭時，大燭一次四根，小燭一次十數根，以手指夾住，使其各自分離，浸入膠筒中，芯端三次，全芯一次後，即掛於燭架上，循環復始，車架輪轉，至燭所需的粗細分量為止。

8-7　這套佚名畫家為《金瓶梅詞話》所繪的春宮冊頁，我們在「龍翻」與「虎步」中已各刊載過一幅。本圖描繪西門慶與友人花子虛老婆李瓶兒偷情的光景。
《金瓶梅詞話》說西門慶常支使好友應伯爵、謝希大等人拉著花子虛去青樓飲酒過夜，自己好趁虛而入去花家偷情；書中第十六回又說「李瓶兒好馬爬著，教西門慶坐在枕上，她倒插花，往來自動」，故知此圖是第十六回的插畫。清朝乾隆年間春畫。

用細棉條或燈草纏繞於正桿上做成燭芯，前者做大蠟燭用、後者做小蠟燭；將燭芯一再浸入盛著溶蠟的膠筒中，到所需的粗細分量爲止，最後用燭車、車刀削圓修齊即成。燭芯浸入膠筒中沾蠟可以想像成男上女下的性行爲，那女上男下、以「膠筒」倒扣在朝天的「燭芯」上，「溶蠟」一直澆流著的「魚接鱗」式，當然可以稱作「倒澆蠟燭」了。

◆◆◆

在晚清民初時，流行於安徽淮南一帶的一首民歌〈日頭落了萬里黃〉說：

日頭落了萬里黃，
兔子捉狗跑上崗；
母雞咬住公雞頭，
老鼠拉貓倒上梁，
乖姐睡在郎身上。

「素女九法」會出現女上位的「魚接鱗」、「兔吮毫」，可能有兩個理由：一是對往昔母系

8-8　這是較圖8-7遲約二、三十年的另一位佚名畫家為《金瓶梅詞話》所作的插畫，依舊是描繪西門慶在花子虛家偷姦他老婆，讓李瓶兒以「魚接鱗」之式主動交歡，以此展現李瓶兒紅杏出牆的淫蕩作風。
洞窗外桂花盛開，與《金瓶梅詞話》第十三回說西門慶自六月十四日與李瓶兒初會，一見鍾情，就安心設計圖謀她，到九月九日重陽節才找到機會成為入幕之賓，在時節上是相吻合的，可見畫者的細心。清朝嘉慶初年春畫冊葉。

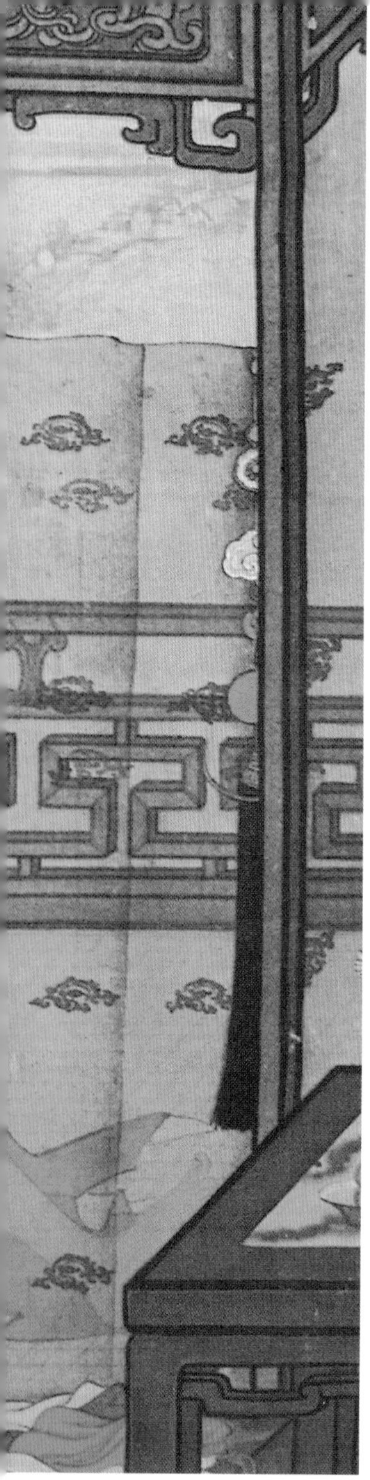

社會時此一性姿勢的紀念；二是體貼君王力戰群雌，不免有腰痠乏力之時可以藉此緩口氣。

在女權至上的母系社會，最流行的絕對是「魚接鱗」、「兔吮毫」一類女上位的性姿勢，所以我們在女皇帝武則天性史《如意君傳》中，可以看到她以此式與面首薛敖曹交歡：

……於是令小嬪持燭立侍於傍，后以纖手拽麈柄，令曹仰臥，后以牝口就曹麈柄，遂跨馬而坐，一舉一落，麈柄漸入牝，惟根尚餘三四寸，曹仰身送之。后笑曰：「汝為人太毒害，欲便了我；且勿動，我欲看其往來之妙耳。」后以兩手據榻，垂其首而翫之，情興搖蕩，淫水淋漓，凡五換巾帕，且三鼓矣。

這段描述可見一代女皇在床榻之間也要展示權威的性格，因此採用了積極主動的「魚接鱗」來與性具粗大的情夫交歡取樂。

第二個理由是《素女經》當初的銷售對象是皇帝，不得不考慮他後宮妃嬪眾多、會出現體力

8-9　這是第三套由不同佚名畫家所繪的《金瓶梅詞話》，完成於乾隆初年，畫風更接近康熙年代的作品，有典雅華麗、精緻沉穩的風格。此圖描寫的應當是西門慶與潘金蓮在《金瓶梅詞話》第七十九回中最後一次的「倒澆蠟燭」，因為仰躺的西門慶似乎半醉半醒，處於完全被動的狀態，且面露疲憊之態，似乎已快要崩潰脫陽了。

匱乏的時刻，可以藉此偷懶休息。在《株林野史》也有個可作佐證的例子，書上說春秋時代鄭穆公十八歲的女兒素娥嫁給陳國大夫夏御叔爲妻，人稱「夏姬」，兩年後守寡，與丈夫好友孔寧、儀行父和陳靈公淫亂，第四回道：

靈公……只覺夏姬肌膚柔膩，著體欲融，歡會之時宛如處女。……夏氏……枕席上百般獻媚，虛意奉承，恐怕靈公氣弱，叫靈公仰臥，自己騎在靈公身上，將兩股夾緊，一起一落，就如小兒口吃櫻桃的一般，弄得靈公渾身麻癢，一洩如注……

「口吃櫻桃」云云，正是《金瓶梅詞話》第二十八回裡說的「翻來覆去魚吞藻，慢進輕抽貓咬雞」，歷史上那些上了年紀的皇帝們，在面對年輕妖嬈的美女時，大概都不免常用到「魚接鱗」這個以逸待勞、以靜制動的性姿勢吧！

◆◆◆

女性採取主動的「魚接鱗」充分展示了她們的飢渴情慾，是古典色情文學中描繪「淫婦」常用的手法。

《海陵佚史》下卷說莎里古眞是金海陵王完顏亮的堂妹，嫁給撒速爲妻，海陵王勾引莎里古眞，每當撒速値夜班時，就派人召莎里古眞入宮淫亂，還親候於廊下。莎里古眞恃寵而驕，又在外頭找年輕英俊、陽具偉岸持久的人來交歡，丈夫也不敢過問。

海陵王知道了以後，醋勁大發，把莎里古眞叫來責罵說：「妳喜歡大官，哪個官位大過天子？妳喜歡有才華的，哪個人像我這般文武全才？妳喜歡屌大的，哪個人的屌有我大？妳怎麼還在外頭亂找男人？」氣得面紅耳赤、渾身發抖，一口氣都咽不下去地哽在喉嚨。莎里古眞看皇帝眞生氣了，趕緊滿臉堆笑，用淫態浪姿去諂媚安撫君王：

莎里古真陽（佯）為歡笑，以手捧其肉具，臉偎貼之、口咬咂之，使肉具吸吸跳動，然後跨鳥而坐，顛簸搖蕩，盡根沒腦……

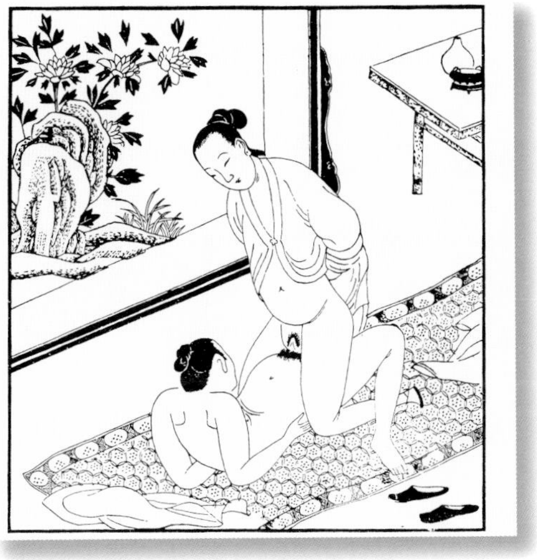

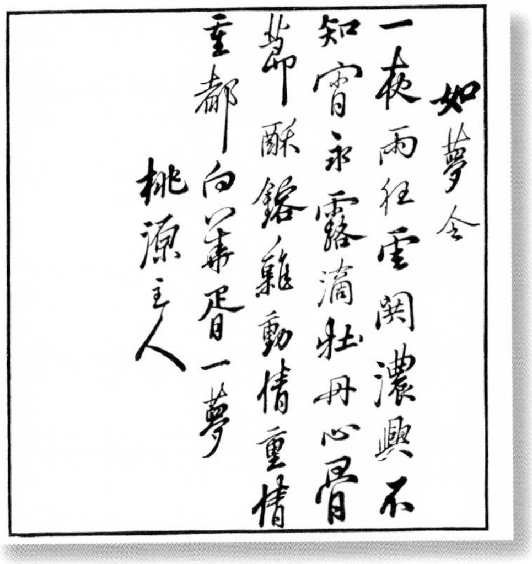

8-10　明朝萬曆末年木刻版畫《花營錦陣》中，有三幅繪的都是「魚接鱗」，分別為第一、十四和十七圖。本圖為第一圖，繪男子仰躺在舖著織毯的地上，以肘撐起上半身，要更清楚地看騎坐在他身上的女子如何以牝戶吞吃自己的陽具。

桃源主人〈如夢令〉詞云：「一夜雨狂雲闃，濃興不知宵永，露滴牡丹心，骨節酥熔難動。情重，情重，都向華胥一夢。」

藉著「魚接鱗」的性姿勢，把一個淫蕩的女人描繪得栩栩如生，活靈活現。

在清中葉嘉慶年間江西野人編著的《怡情陣》第三回裡，說隋煬帝時揚州興化縣二十七歲的秀才白琨繼妻李氏年輕貌美而貪淫，與丈夫之同窗男寵井泉有私，時李氏十八歲、井泉十九歲。一回兩人顛鸞倒鳳，互相舔弄對方私處，李氏將井泉吮咂得泄了一回，都吞下肚裡，還不放過井泉，書上說：

李氏道：我還要咂他硬起來，又含在口內扯擦一回了，那雞巴仍舊紅脹突起來，李氏轉身來，把毴正對雞巴，往下一坐，坐在毴裡頭，連墩（蹲）連鎖（縮），只管搖蕩，井泉受用難當，精又著實泄了約有一大酒杯……

明刊《金瓶梅詞話》第七十二、三回裡，潘金蓮三番兩次以「魚接鱗」之式主動出擊，與強弩之末的西門慶交歡，西門慶雖服下胡僧的春藥，那話兒又套上銀托子、又用藥煮的白綾帶子紮緊，依舊不是貪淫的潘金蓮的對手。七十二回書上說：

兩個並頭交股，睡到天明，婦人淫情未足，便不住手裡只往西門慶那話捏弄，登時把塵柄捏弄起來，叫道：「親達達，我一心要你身上睡睡。」一面扒伏在西門慶身上倒澆燭，摟著他脖子只顧揉搓，教西門慶兩手扳住她腰，扳得緊緊的，她便在上極力抽提，一面扒伏在他身上揉……

七十三回裡，西門慶先與潘金蓮的丫鬟春梅幹過一回，睡回潘金蓮床上休息。潘金蓮回房見了，又上床鑽入被窩，用嘴把西門慶那話兒咂硬，西門慶猛然醒來，潘氏從床褥底下摸出白綾帶子幫他紮緊拴在腰間，坐上身去「魚接鱗」，還叫西門慶把她的大紅綾抹胸摺四摺疊起，墊在腰下。書上說：

婦人扒在（西門慶）身上，龜頭昂大，兩手撐著牝戶往裡放，須臾突入牝中……因問西門慶說道：「這帶子比那銀托子好不好？強如（銀托子）格得陰門生疼的，這個顯得它多大，又長出許多來，你不信摸摸我小肚子，七八頂到奴心。」又道：「你摟著我，等我今日一發在你身上睡一覺。」西門慶道：「我的兒，妳睡，達達摟著。」

那婦人把舌頭放在她口裡含著，一面朦朧星眼、款抱香肩，睡不多時，怎禁那慾火燒身、芳心撩亂，于是兩手按著他肩膊，一舉一坐，抽徹至首，復送至根，叫「親心肝，

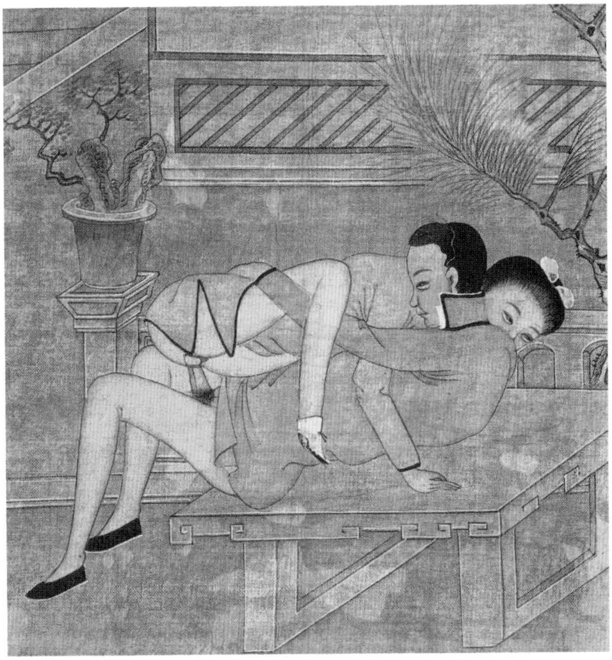

8-11　一對男女坐躺在花園內的石桌上交歡，男子仰躺，女子坐俯在他身上，正是「魚接鱗」之式，從男子梳西裝頭、穿高領長袖上衣，知道是民國初年流行的穿扮。
清朝末年開始禁婦女纏足，當時謠諺云：「高領配油頭，黃魚滿街遊。」即守舊者嘲天足女子為「黃魚娘」之諺，亦可見彼時流行梳油頭、穿高領衣，男女皆然。民初佚名春畫。

罷了，六兒死了。」往來抽撓又三百回，比及精洩，婦人口中只叫「我的親達達，把腰扳緊了。」一面把奶頭教西門慶咂，不覺一陣昏迷、淫水溢下……

然後就是七十九回，西門慶大醉而回，潘金蓮扶他上炕，趁醉餵西門慶服下三、四丸每次只能吃一丸的春藥，又將白綾帶子替他紮好，書上說：

婦人見他只顧睡，於是騎在他身上，又取膏子藥安放馬眼（尿道口）內，頂入牝中，只顧揉搓，那話直抵苞花窩裡，覺翕翕然，渾身酥麻，暢美不可言，又兩手據按，舉股一起一坐，那話沒稜露腦……。婦人情不能當，以舌親於西門慶口中，兩手摟著他脖項，極力揉搓，左右偎擦，麈柄盡沒至根，只剩二卵在外，用手摸之，美不可言，淫水隨拭隨出，比三鼓幾五換巾帕，婦人一連丟了兩次……

這段「魚接鱗」的描述，把潘金蓮貪淫的模樣描繪得如在目前，就是這個姿勢讓西門慶脫陽而死，一命嗚呼。

◆◆◆

序刊於明崇禎十三年的《歡喜冤家》（這是中國古代小說史上最精彩細膩、引人入勝的短篇小說集）第十一回〈蔡玉奴避雨撞淫僧〉，說關西小商人蔡林之妻玉奴避雨雙塔寺，被淫僧印空、覺空挾入強姦，玉奴曲意奉承住持無礙老和尚，並誓言守密，才獲允放歸。書上說：

無礙見她立誓真切，道：「放便放妳，今夜把我弄個快活的，我做主放妳。」玉奴喜道：「我一身淫污已欠，任憑師父所為便了。」無礙道：「妳跨上我身，我仰臥著，妳弄得我的來，見妳之意。」玉奴就上身跨了，湊著花心研弄，套進套出，故意放出嬌聲，引得老和尚十分興動，不覺洩了。玉奴扒下來道：「如何？」無礙道：「果是有趣，到五更，還要這般一次兒送行。」

從這段描述可知《歡喜冤家》的作者西湖漁隱主人是真懂「魚接鱗」的特殊風情況味。後來的《風流和尚》就是據《歡喜冤家》第十一回的這個故事改編成十二回的長篇小說，本章前面曾引用了一小段。

◆◆◆

「魚接鱗」還是最宜男子欣賞女性豐滿乳房的一個姿勢，因為女性面向男子跨坐聳動時，胸前雙乳會隨之晃動不已，性感撩人，仰躺的男人可以伸手去撫玩。清朝江海主人編《艷婚野史》第九回中，巧娘趁丈夫熟睡，悄悄下樓與夥計二官偷情。書上說：

8-12　玉石珠寶鑲嵌春宮圖，年代不詳。圖中「魚接鱗」之女子邊敦倫邊梳頭，十分有趣。這類一心二用的「魚接鱗」，我還在其他書中看過女子邊以下身吞吮男陽、邊手持酒杯餵男子喝酒，以及邊坐吞男陽邊吹笛者，真的有這麼忙嗎？做事認真專心最重要，做愛何嘗不然？

> 巧娘……聽得丈夫鼾呼，歡歡喜喜走至中門，去了門拴，捱身走至凳邊，只見月光透入二叔身上，此物直立，人又睏著的。巧娘看罷，心熱如火，去了單裙，精赤赤的扒上身去一湊。二官驚醒道：「今番你盜叔了，也該叫起來。」巧娘笑了笑。在明月之下，雪白的一雙身子，看了十分有興，二官用手摸她那兩乳，真個是：軟溫新剝雞頭肉，膩滑渾如塞上酥。……二官一邊摸著兩乳，底下只管抽弄……

「魚接鱗」是男逸女勞、男靜女動的性姿勢。男人休息夠了，靜極思動，慢慢坐起上半身，讓女子同時摟著他的頸子保持平衡，自然就成了「素女九法」的最後一式「鶴交頸」。

8-13 這套作品疑為廣州外銷畫之一，所以畫中女子白皙豐滿，有西洋婦女的容貌體態。「魚接鱗」之式最宜於賞玩女子的一對豐乳，本圖有十分在行的描繪。清中葉春畫。

九法之九

鶴交頸

男女相向坐，擁抱而交，前入位，像雙鶴交頸。

第九曰「鶴交頸」。男正箕坐，女跨其股，手抱男頸，內玉莖，刺麥齒，務中其實，男抱女尻，助其搖舉，女自感快，精液流溢，女快乃止，七傷自愈。

第九法名叫「鶴交頸」。

要訣是：男子屈膝而坐，女子雙腿打開跨騎在男子身上，雙手環抱他的頸子，把男陽納入牝戶中，刺觸陰道二寸深的麥齒部位，再深入到五寸深的穀實部位，往返上下，男子雙手抱持女子的臀部，幫助她搖晃起落，女得快感，流出愛液，達到高潮後便停止交合，可使陰寒、陰萎、裡急（腹痛欲便而不爽）、精連連、精少陰下濕、精清、小便苦數（頻繁）臨事不卒（尿不乾淨）等七傷之疾不藥自癒。

在明朝嘉靖末年的《素女妙論》中，「九勢」之九「鶴交勢」的講法是這樣的：

令女人摟男子之頸，以右足負（置於）床上，男以右手提女之左股而擔肩上，兩體緊貼，微抽玉莖窺其麥齒，徐徐撞穀實，搖擺輕漫，行九淺一深之法，花心忽開，芳液浸潤，保中

9-1　元人《四季行樂圖》之「夏景」。這是傳世最古老的中國春畫，一組四幅，從一盞四方形油紙燈籠上揭下來的，描繪當時達官貴人四季行樂的光景。
男女在庭園中席地坐擁，以「鶴交頸」之式交歡，欄杆外荷池紅蓮正盛開著。此圖人物線條準確流暢，背景簡明質樸，畫面充滿古色古香的氣息，是很珍貴的佳作。

守神，消食開胃，療百病，長生不飢，其法如丹鶴回旋之狀，張翎不收，自至妙境。

與漢朝《素女經》相較，明朝的「鶴交頸」要求女子將左腿抬高，置於男子右肩上，而不是簡單的分腿跨坐在箕坐的男子身上，如此一來，必使牝戶大張，更便於男陽直抵穀實而使女子花心忽開、芳液浸潤了。爲了維持這個高難度姿勢，女子非得緊摟住男人的頸子，以保持身體重心的平衡，看起來也就更像「鶴交頸」了。

明末《僧尼孽海》書中的第九「鶴交勢」依舊抄自《素女妙論》而與《素女經》相去較遠：

男倚於床，女以左足躧（音洗，輕搭）床，以手挽男頸，男以右手托女左股，女負（靠）男肩，兩手緊貼，女執玉莖刺入嬰鼠（嬰女、俞鼠，分別為陰道四寸、三寸深），中其穀實，輕搖慢動，行十淺七深之法，內外神氣自然翕合。

上段引文是說男子坐在床邊，女子右足踏地、左足搭床，左手挽著男頸，右手將陽物導入牝戶中，男子右手從女子屈起的左腿下方伸去，用右肩膊托起她的左大腿，左手繞過貼放於女子右股上，由女方主動行十淺七深之法在陰道三寸至五寸間來回磨弄。如果解讀無誤，《僧》書的說法還是比較接近《素女妙論》，也就是女子的左腿要抬起搭於男子肩膊上，而不是像《素女經》的兩足分跨箕坐男子的兩側、置於地上。

9-2　傳為明人仇英繪春畫，但應該是清初的摹本。此圖繪一富貴人家的男女在萬字圍屏式羅漢床上玩「鶴交頸」的遊戲，男子左臂扛舉女子右腿，女子將上身倚靠在男子肩上，都更接近明人《僧尼孽海》一書中的「鶴交頸」，與漢朝《素女經》的「鶴交頸」相去較遠。

9-3　明末王聲紙本冊頁。柳葉初綠，桃花盛開時節，一對情人在花樹下舖蓆交歡。玩的正是漢朝《素女經》中的「鶴交頸」。男子雙手後撐，試圖挺出陽物，女子垂首閉目，似乎已到了快感來襲、精液流溢的關鍵時刻。

吟猿抱樹

「鶴交頸」是形容女子摟抱男頸而交合，有如鶴交時牝牡互以長頸交纏廝磨的模樣，這個名稱取得很生動。但是唐朝時《素女經》佚亡，《洞玄子》的作者在「卅法」中，便給這姿勢另外取了一個「吟猿抱樹」的名稱：

男箕坐，女騎男髀（大腿）上，以兩手抱男（頸），男以一手扶女尻，內玉莖，一手據床。

《洞玄子》的「吟猿抱樹」顯然就是「素女九法」的「鶴交頸」，只不過改「箕坐於地」爲「箕坐於床」罷了；而以「吟猿」形容呻吟叫床的女子，以「抱樹」形容她摟著男人頸脖的動情模樣，也是很精彩的創意。

從「一手據床」知道唐朝的「鶴交頸」已改在床上搬演，說明床榻在唐朝時已漸漸普及化，不再是漢朝時的席地坐臥了。但是無論是「箕坐於地」或「箕坐於床」，都不是很理想的交合法，因爲男子箕坐時是屁股著地，兩腿屈起如畚箕之形，如此一來會遮住部分勃起的陽具，無法深入坐在自己身上的女子牝戶深處，原本可以直抵花心的性具，因箕坐的關係就只能及於穀實了；就算男子把兩腿放平、改箕坐爲平坐，情況依舊無法改善。

如果改箕坐爲跪坐，性具的長度問題解決了，但新問題又產生了——跪著的兩腿上壓著女子身體的重量，不但膝蓋難忍疼痛，跪姿妨礙血液循環，稍久就造成雙腿痲痺；只有讓男子坐在床邊或椅子上，讓女子一腳踏地、一腳跨上來，才能眞正讓「鶴交頸」成爲可長可久的理想交合姿勢，眞正發揮讓兩人一邊交合、一邊擁吻或撫胸吮奶，使彼此互動更親密熱烈的優點。

所以在傳世的明、清春宮畫中，會出現大量坐在床緣椅凳上以「鶴交頸」交歡的場面，明朝的《素女妙論》、《僧尼孽海》在規定「鶴交頸」之式時，也要將「男正箕坐」改爲「男倚於床」，這是一種隨時代演變、經驗累積的進步。

◆◆◆

「鶴交頸」是女上位坐式交合法，要女人跨坐在坐於椅上或床邊男子的身上，套動磨晃以取樂。對於以寡敵衆的皇帝來說，這不失爲以逸待勞、偷工省力的一個好方法，所以素女要將它列入九法之中；但是在一般民衆百姓看來，這個姿勢實在有些「牝雞司晨」的味道。同樣是女子採取主動，有一個「魚接鱗」就夠了，再來個「鶴交頸」就嫌多，所以明清色情小說中，「鶴交頸」出現的次數不過五、六處罷了，遠不及「魚接鱗」的五十幾次來得多。

「鶴交頸」首先出現在明神宗萬曆初年的《痴婆子傳》一書中，作者芙蓉主人藉一個花痴女人老來回憶一生風流韻事的方式，以女性第一人稱筆法寫了這個長約一萬兩千字的小說。書分上、下卷，在卷下裡，痴婆子講述她與妹夫費某的一段情時說：

予妹婣娟適費家，費婿亦業儒，與予夫善，……予以姨常見之，見其魁梧矯岸，真一丈夫，而鼻大如瓶。予自思曰：「是必偉於陽者。」心願識之。因盈郎（家奴，女主角的第四個男人）而通意於費，費最善鑽窺，聞之色喜。

9-4　早春時節，王孫公子與妙齡佳人興致勃勃地在後花園內白晝宣淫，男坐石上，背倚盛開白辛夷花的樹幹，陽物翹舉，蓄勢待發；女子雙手摟著男子，正抬起左腿準備跨坐在他身上以「鶴交頸」之式交歡，牝戶光潔、逗人憐愛，也説明她的年齡還未滿十四歲，巨石後的幾叢牡丹烘托出達官貴人家的華貴氣息。
這套冊頁共八開，畫工極為精緻，出於清初浙派蘇杭畫家之手，同一冊頁的其他作品見本書「龍翻」、「虎步」、「猿搏」中。

時夫偶延費飲，頃刻間，夫大醉，留費宿書閣而入臥。夫臥鼾如雷，予悄然出閨往見。費驚喜，不出一言，惟抱予置膝，令予坐以面向費，而費以勢插焉，乃中材耳，謂鼻大而勢粗者，其以虛語欺我哉！然費之勢堅而熱如火，能令爽然。費端坐不動，而惟以兩手挾予使起，復頓予使坐，且起且頓，予亦因而自搖之，益爽然。予曰：「姨夫妙法，令我魂搖。」費笑而不言……

這是痴婆子自述的第十一個男人，因爲見多識廣，當然有資格評論她姨夫那話兒的長短粗細。而「鼻大者屌大」的說法，在明朝中葉時已十分流行了，《痴》書可以爲證。

稍後明人吳敬新編輯、謝友可序刊於萬曆十五年（西元一五八七）的香艷小說、遊戲文章集《國色天香》（十卷）一書中，卷四〈尋芳雅集〉敘述元末才子吳廷璋住在臨安（杭州）父執王參府家，慕其二女嬌鸞、嬌鳳之麗姿，因先後勾引王參府之妾巫雲和嬌鳳之婢秋蟾，遂得尋

9-5　此圖描繪達官貴人在自家書齋與愛妾敦倫，男子坐在明式紅木燈掛椅上，右手夾持椅背，左手摟著跨坐上身來交歡的女人，女子右手摟著男人肩頭，左手捧著他的臉，無限愛憐地親吻著，把「鶴交頸」女子主動纏綿的特色發揮盡致。右邊一架書畫古玩，不但彰顯了男子的家世品味，視覺上也造成畫面的巧妙平衡。清朝乾隆初年徐莞作品。

機與二嬌通情，後歷經波折，終於考中進士，入選爲翰林，娶二嬌爲妻。書中有一段說吳廷璋與嬌鸞洗鴛鴦浴，在澡盆中以「鶴交頸」之式交歡的故事：

王嬌鸞……乃命春英具湯、設屏、秉燭，各解其衣，挽手而浴。生（吳廷璋）雖負悶，然當此景，情豈不動？即抱鸞於膝，欲求坐會。鸞亦自開其股以牝就之，任生所為。燈影中，殘粧弱態、香乳纖腰，粉頸朱唇、雙彎雪股，事事物物無非快人意者。生於此時，不魂迷而魄揚也哉？

男子坐在澡盆裡，讓女子面對面坐上身來交歡，這樣的「鶴交頸」在稍後萬曆末年（西元一六二〇年）刊印的二十四開色情版畫冊頁《花營錦陣》的第十三開中，有幾近完全忠實於《尋芳雅集》書中此景的描繪。畫冊圖左照例有一首詞，是五湖仙客題的〈浪淘沙〉：

輕解薄羅裳，共試蘭湯，雙雙戲水學鴛鴦，水底轆轤聲不斷，浪暖桃香。　春興太顛狂，
不顧殘粧，紅蓮雙瓣映波光；最是消魂時候也，露濕花房。

◆◆◆

「鶴交頸」在中國情色文學史上第三次出現於明萬曆四十五年（西元一六一七年）序刊的《金瓶梅詞話》。書中數十處情色描寫可謂洋洋大觀，但是「鶴交頸」的性姿勢只出現了一次，就是第七十九回裡西門慶與家僕韓道國的妻子王六兒交歡的那場好戲。

書上說王六兒託弟弟王經帶一個禮物去送給西門慶，請西門慶去她家吃便飯過元宵節。西門慶打開紙包一看，原來是王六兒剪下自家一柳黑臻臻、油光光的長髮，用五色絨纏成一個同心結托兒，用兩根錦帶兒拴著，做得十分精細，是拴在陽具根下，以延遲射精之用的淫具。西門慶把身邊瑣事辦完，就騎馬來到韓道國家，王六兒早備下美酒佳餚，兩人便做一處飲酒。書上說：

婦人（王六兒）問道：「我稍來的那物件兒，爹看見來，都是奴旋剪下頂中一柳頭髮，親手做的，管情爹見了愛。」

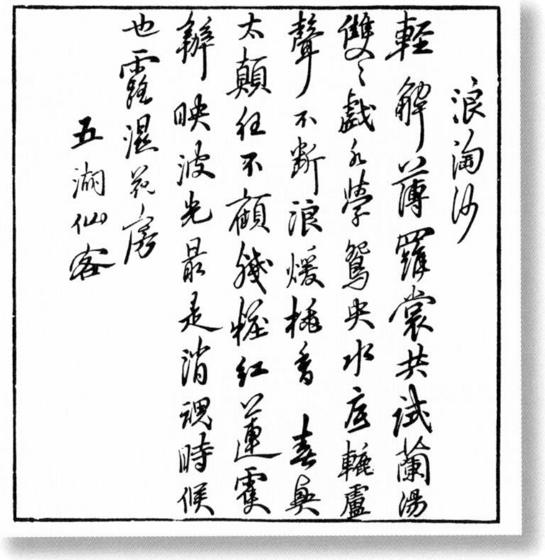

9-6　本圖是《花營錦陣》的第十三圖，描繪男女在澡盆中以「鶴交頸」之式擁吻交歡。不管男女如何平等，以坐式交歡時，永遠必需讓女人壓著男人進行，才符合兩性的生理結構，順利的凹凸結合。

西門慶道：「謝妳厚情。」飲至半酣，見房內無人，西門慶袖中取出來，套在龜身下，兩根錦帶兒扎在腰間，龜頭又帶著景東人事（假陽套子），用酒服下胡僧藥去。那婦人用手摶弄，弄得那話登時奢稜跳腦、橫筋皆見，色若紫肝，比銀托子和白綾帶子又不同。

西門慶摟婦人坐在懷內，那話插進牝中，在上面兩個一遞一口飲酒咂舌頭，婦人把菓仁兒用舌尖哺與西門慶吃，直頑笑吃至掌燈……

一般來說，西門慶是不讓女人騎坐到他身上來撒野的，能有此殊榮的只有潘金蓮和李瓶兒。王六兒是僕婦，更沒資格與西門慶玩女上位的「鶴交頸」，但先前她剪了一柳頭髮編成同心結的托子送給西門慶，西門慶受她示愛所感動，才縱容她騎坐到身上來顛弄，直到掌燈時分。到用過馮媽媽廚下做的豬肉韭菜餅兒當晚餐，兩人上炕就寢時，西門慶就叫王六兒馬伏在下，採後庭花，邊玩邊拍打屁股，又吊起她雙腳，恣意玩「金龍探瓜」了。

「鶴交頸」的長處是下體交合時，上面可以一邊接吻或以口哺酒、哺瓜子仁兒，或以手撫玩女子的雙乳，使性愛更刺激而富情趣；這從上面的引文中可知，西門慶與王六兒已充分體認施行了。

◆◆◆

蜻蜓擺柱

「鶴交頸」在明清情色文學中第四度出現於晚明崇禎末年（西元一六四四）的《別有香》第

9-7　與圖9-2傳為仇英所繪的那張比較，可知是該圖的另一摹本，只是在臨摹時將原圖正反顛倒假罷了；由此可見古代中國畫家沒有素描寫生的訓練，要獨創一個性愛姿勢和場景構圖有多麼困難，日本浮世繪春畫的雷同性就沒有中國春畫那麼嚴重。
圖左有提梁高筒湯罐可盛熱水，倒入置於盆托上的銅盆中，以供事前事後洗淨下身之用。右前方則為各式酒器，說明「酒色不分家」的有趣現象。清朝乾隆年間絹本春畫冊頁。

9-8　這是一幅畫得很典雅精麗的佳作，描繪一男子倚枕坐於炕沿，女子正抬腳準備跨坐到男子身上，以「鶴交頸」之式主動追歡。清朝乾隆初年春畫。

四回〈潑禿子肥戰淫孀〉，說松林禪院淫僧了空和尚誘姦豪門寡婦萬氏，兩人玩了許多不同的性姿勢，其中一式是：

了空又自坐，抱婦對面，湊莖上頓搖。婦道：「何套？」了空道：「是『蜻蜓擺柱』。」婦道：「此只擺得，抽不得了。」

《別有香》的作者桃源醉花主人把「鶴交頸」之式取名爲「蜻蜓擺柱」，大概是形容女子坐在男人身上擺動屁股的模樣，很像蜻蜓擺動長柱般的尾巴吧。顯然萬氏對「鶴交頸」只能靠女子擺臀取樂、男子被壓著不能有所行動，是不十分滿意的。因爲性器官角度的關係，女人再加速套動，也不及男子主動時擺臀抽送得快捷有力，這是不爭的事實。

喜樂禪佛式

「鶴交頸」第五次出現於清朝雍正八年（西元一七三〇年）的《姑妄言》，書上第五回說明朝靖難事件中，幫助燕王朱棣從姪兒明惠帝手中奪得天下的政治和尚姚廣孝不得好下場，孫子姚澤民的老婆桂氏替丈夫戴綠帽子，與萬緣和尚偷情幽歡：

一夜，這萬緣正同桂氏在床上，他靠著枕頭坐住，叫桂氏跨在他身上，對面將兩物套好，學喇嘛供的喜樂禪佛那樣式，一起一落。正做得高興，忽見香兒、青梅、綠萼（皆丫鬟）笑得跌跌滾滾跑進房來。

9-9　清朝西藏佛教木刻版畫「蓮師雙身像」。歡喜佛坐式與「鶴交頸」不謀而合，因此當喇嘛傳入中土後，也有人稱「鶴交頸」為「喜樂禪佛式」或「觀音坐蓮台」。歡喜佛中的公佛需雙盤腿，比《素女經》要求的箕坐難多了，一般人恐怕也不容易如此歡喜吧。

桂氏笑罵道：「妳這三個小淫婦瘋了，這昝晚跑來笑甚麼？」

香兒道：「我們才在外邊講頑話，我說男人的那東西是筋的，青姐強說是皮的，綠姐咬定說是肉的，我們賭了個東道，故此來問大師傅，看誰說的是。」

萬緣任桂氏一面動著，一面說偈道：「三人不須多強，說得都還相像，硬時是段純筋，軟了皮囊形狀，大家仔細試端詳，一團肉在光頭上。」

把三個丫頭笑得東倒西歪出去，笑得那桂氏一仰一合，騎不住肉鞍，竟墜下驢來，睡在床上揉著小肚子笑……

除了《姑妄言》作者曹去晶鮮明的儒家思想尊崇正體道統、痛恨奸臣亂賊，仇視譏諷方外淫僧外，他活潑的文筆、恣縱的才華，以豐富的想像力把性愛描繪得幽默有趣，也是中國情色文學史上前無古人、後無來者的高手，不像《金瓶梅詞話》的作者雖然文筆細緻生動、刻畫入微，但全書只透出陰鬱悲涼的氣氛，令人不忍卒睹。

《姑妄言》書中幽默之處俯拾皆是，像第一回中說「長安一片月，萬戶搗屄聲。」第十回說「相思病實難捱，倒在牙床起不來，翻來覆去流清淚，好傷懷，淚珠淚珠兒汪汪也，滴濕滴濕了胸前的奶。」、「要養漢還怕屄疼嗎？」第十一回形容呆女婿逃出洞房大叫說：「我怕那個鋃（人）喲，她要掐我的雞雞呢！我不同她睡喲。」第十五回說「有怕屄的屌，沒有怕屌的屄。」等等，都令人莞爾一笑，嘆爲觀止。但是前段引文中還有個值得注意之處，就是稱「鶴交頸」爲「喜樂禪佛式」。

「喜樂禪佛」就是俗稱的「歡喜佛」，隨元朝入主中原而跟著喇嘛教一起輸入中國，被供

9-10 本圖與圖9-14屬同一冊頁，織蓆由龜背十字紋換成萬字紋，場景也由室內改為室外，一對年齡相當的結髮夫妻正以「鶴交頸」之式纏綿交歡。
女子的纏足為揚州式纏法，在清朝時已有「蘇州頭、揚州腳」之俗諺，揚州腳以窄瘦見長，足尖微向上翹，但長度常及五、六寸，不似廣東東莞之不足三寸、湖南益陽之二寸七八、山西大同之三寸金蓮，三處都以短小見長，因此圖中女子應該是位揚州佳麗。清朝乾、嘉年間春畫。

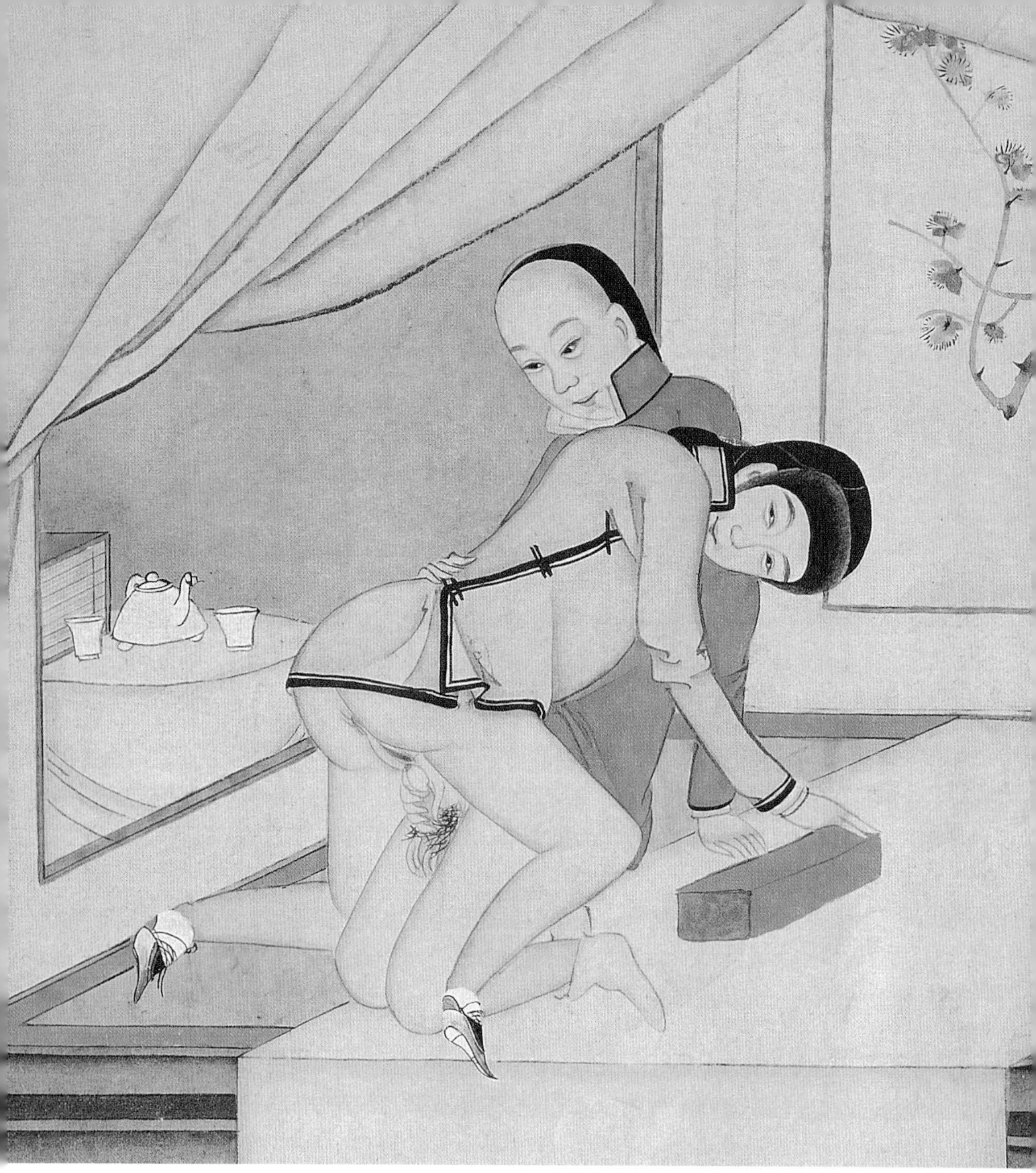

9-11　一雙戀人在家中床榻上以「鶴交頸」之式做愛。男子跪立挺胸，女子跨坐而上，以左手扶持男陽導入牝中，兩人穿著清末民初流行的高領上衣，但男子仍留著清式辮髮，所以知道此圖完成於光緒末年。
圖左牆上掛一面大鏡，照出床榻右邊的擺設，榻上白床單畫得很呆板，顯示中國春宮畫已走到衰微的末途了，不久就全面地被攝影春宮照所取代。晚清光緒末年春畫。

9-12　一對男女在矮榻上交歡，男子背倚斑竹圓凳，女子雙手搭扶男肩，跨坐在男子身上，將牝戶套入昂揚的性具中。三寸金蓮纏得不到三寸長，看長相應該是湖南益陽的女子。左側畫一張透空束腰圓鼓墩，右上方畫一盆托，擺一盆折枝牡丹，使畫面不致過於冷清單調。

圖中男子坐起上半身，所以是「鶴交頸」之式，他若把身子後仰平躺，就成了「魚接鱗」了，兩式只有這一點小小的差異。清中葉佚名紙本春畫。

奉在許多佛寺中，明朝時雖有衛道之士上書朝廷建言銷燬，但仍無法完全禁絕，到滿清入主中原，爲了懷柔西域、控制西藏，並籠絡信奉喇嘛教的蒙古人，喇嘛寺廟和歡喜佛又大行其道，中國人才一直對歡喜佛不陌生。

歡喜佛有立式與坐式兩種，也就是陰陽兩佛相擁立交或坐交的模樣，而盤腿相摟坐交之式恰與「鶴交頸」相似，中國人才又稱此式爲「喜樂禪佛式」或「觀音坐蓮台」。

◆◆◆

「鶴交頸」是「素女九法」中唯一的坐交式，它不太注重激烈的抽送動作，坐在男子大腿上的女性也較便於前後左右的磨晃，而不便於上下起落的套送，動作是斯文細緻的，加上摟頸貼胸，吮舌舔吻，使這個性姿式的愛情成分在九法中直追龍翻而遠勝於其他七個姿勢。可以說「龍翻」是男人向女人示愛的性姿勢，而「鶴交頸」則是女人向男人示愛的性姿勢，有如此的特殊性，才使它能在「九法」中占一席之地吧。

「鶴交頸」是繼「兔吮毫」、「魚接鱗」之後，連續第三個由女性採取主動的性姿勢。所謂物極必反、靜極思動，男人在經歷這三個可以一氣呵成的女上位性姿勢後，如果憐惜女子扭動得很辛苦、套送得很吃力，香汗淋漓、嬌喘吁吁，他只要把身子往前傾，讓她向後仰平躺下來，再將自己的雙腿打直，就成了「龍翻」之式，可以重整旗鼓盡情發揮，由「龍翻」而「鳳翔」而「猿搏」而「龜騰」……。才知道「素女九式」像一個圓圈，是無始無終、連續不斷的，是給愛情和健康加分的一套性愛健身操。

9-13　一樣的「鶴交頸」，男子以箕坐方式就比較能持久些，不像圖9-11中男子跪著容易膝疼腿痠；但跪著陽具能較突出，比本圖男子陽具被大腿遮擋無法突顯要強，兩者各有優劣。
本圖的男女依舊是清末民初流行的高領上衣，但男子已剪辮留西裝頭，可知是民國初年所繪，本圖的空間侷促，似乎是描繪寸土寸金的上海亭子間嫂嫂的皮肉生涯。民初絹本春畫。

9-14　本圖描繪牝戶無毛的稚齡少女，一手摟著坐於織蓆上的男子肩頸，一手抓著男陽，準備跨坐到他身上，以「鶴交頸」的姿勢交合。雙手後撐的男子，好色地盯著少女私處，不錯過牝戶吞下那話兒的精彩剎那。清朝乾、嘉年間春畫。

後記

「素女九法」的傳承和流變

房術或房中術是研究陰陽交接之道的一門學問，在古代中國屬於方技之學，又稱爲「接陰之道」、「陰道」或「御婦人之術」；這些研究成果彙集成冊，就稱爲「房術書」。

據《漢書．藝文志》所載，先秦時的房術書有《容成陰道》二十六卷、《務成子陰道》三十六卷、《堯、舜陰道》二十三卷、《湯、盤庚陰道》二十卷、《天老雜子陰道》二十五卷、《天一陰道》二十四卷、《黃帝、三王養陽方》二十卷、《三家內房有子方》十七卷。但是這八種上古時代的房術書在東漢末年就逐漸失傳了，大概魏武帝時代的方士甘始，是最後一個讀到《容成陰道》的方術家，其他七種連他也沒有讀過。

上古中國的這些房術書其內容如何？是千古不解之謎。但是一九七三年十二月，湖南長沙馬王堆三號漢墓出土了大批帛書及少量竹書，其中屬於醫藥養生的著作有十四種、十五本；這十四種書，屬於房術書的有七種：一、《養生方》，二、《雜療方》，三、《胎產書》，四、《十問》，五、《合陰陽》，六、《雜禁方》，七、《天下至道談》；其中一至三爲帛書，各一卷，抄寫於秦漢之際，四至七爲竹書，各一篇，抄寫於漢文帝時期（下限不晚於漢文帝十二年，即西元前一六八年），這七種房術書大致可窺知《漢書．藝文志》所載的八種「陰道」所談內容。

10-1　九法之一「龍翻」：女正偃臥向上，男伏其上，像龍騰於上。清朝乾嘉年間春畫。

西漢時的方士們另外又寫了《素女經》、《玄女經》、《彭祖經》，東漢時又出現了《子都經》、《容成經》，兩漢流行的這些房術書，在晉人葛洪《抱朴子・遐覽篇》都曾提到過。

上述五種房術書流傳於魏晉南北朝時期，到了隋唐之際，《容成經》已失傳了，其他四種也佚亡不存，僅靠雜抄性質的房術書《玉房秘訣》轉抄，保存了部分內容。

隋朝道士沖和子張鼎的《玉房秘訣》在五代以後也亡於中國，但是隋唐之際，日本不斷遣使中國，帶回大量中國書籍，其中也包括了不少房術書。西元九八四年，日本名醫端波康賴撰成《醫心方》三十卷，其中卷二十八〈房內〉就轉抄了許多中國東傳的房術書。至清朝末年，湖南長沙葉德輝又從日本將其抄回，編入《雙梅景闇叢書》，包括《素女經》、《素女方》、《玉房秘訣》、《洞玄子》和《天地陰陽交歡大樂賦》等五種，其中的《素女經》、《玉房秘訣》和《洞玄子》都是輯自日本的《醫心方》。

10-2　九法之二「虎步」：女俯首翹臀，男跪其後，像虎踞於後。清朝康熙年間春畫。

10-3　九法之三「猿搏」：女仰男跪，男肩其腿，像猿猴攀樹。清朝雍正年間春畫。

葉德輝的抄錄使民國以後的學者得以重睹中國古代房術書的眞貌，但他的輯錄有抄寫和分類上的錯誤。《醫心方》應該輯錄成《素女經》（二十三則）、《玄女經》（五則）、《彭祖經》（十一則）、《子都經》（四則）、《封君達之書》（一則）、《玉房秘訣》（三十則）才是正確的，因爲端波康類就是分別從上述六種書中抄錄了那些內容，編撰成卷二十八〈房內〉，葉德輝卻把《素女經》理解爲黃帝與素女、玄女、采女三人的問答，全抄到一起去了。

葉氏《素女經》中提到的「九法」，其實是《玄女經》的內容，是黃帝向玄女討教的問答，與素女無關。原文如下：

《玄女經》云：黃帝曰：「所說九法，未聞其法，願為陳之，以開其意，藏之石室，行其法式。」

玄女曰：「九法：第一曰龍翻。令女正偃臥向上，男伏其上……第二曰虎步。……第三曰猿搏。……第四曰蟬附。……第五曰龜騰。……第六曰鳳翔。……第七曰兔吮毫。……第八曰魚接鱗。……第九曰鶴交頸。……

「素女九法」其實該說「玄女九法」才正確，但是把玄女的九種性姿勢說成是素女的主張，在古代已然，至少明朝時已經這樣張冠李戴了。

明世宗嘉靖皇帝是個熱中房術的人，很想在女人身上

10-4 九法之四「蟬附」：女平伏在下，男伏女背上，像寒蟬棲樹。明朝萬曆三十八年木刻版畫「素娥篇」。

採陰補陽，修鍊成長生不死的仙人，許多房術方士如陶仲文、邵元節、段朝用、王金、龔可佩……，都藉獻房術書和長壽藥而升官發財，在世宗駕崩那年（嘉靖四十五年，西元一五六六年）寫成的《素女妙論》就是個例子，書中有如下一段內容：

帝問曰：「男女者，人道大欲，而萬物化生之源也。而今忽之者，未得其要之故也乎？」

素女答曰：「其言慎微，愚者以為褻，而非誨淫導欲之說，實乃養生之妙術、交媾之秘訣，其法有九名，具以提之：一曰龍飛勢，二曰虎步勢，三曰猿搏勢，四曰蟬附勢，五曰龜騰勢，六曰鳳翔勢，七曰兔吮勢，八曰魚嘬勢，九曰鶴交勢。」

帝問曰：「九勢已聞其目，而行之有法哉？」

素女答曰：「每一勢有一法，只擬其物狀而為勢，故目云曰九勢：一、龍飛勢，令女人仰臥其體，兩足朝天，男子伏其上……。」（以下略）

可見得《素女經》、《玄女經》等西漢房術書，一直到明朝時民間還流傳著大體完整的手抄本，明世宗時的方士才可能抄引寫入《素女妙論》一書中；但它也證明，明朝時中國人已誤把《玄女經》和《素女經》混爲一談，把「玄女九法」誤以爲是「素女九勢」了。

《素女妙論》很可惜地也早就在中國失傳了，但它卻流入了日本，二十世紀中葉時荷蘭漢學家高羅佩（R. H. van Gulik）在日本發現此書，收入其著作

10-5　九法之五「龜騰」：女仰臥，屈膝抵胸，騰其四足，像龜腹朝天。明朝萬曆末年木刻版畫《花營錦陣》。

10-6　九法之六「鳳翔」：女仰臥，舉雙腿，男跪女股間，像鳳翔於下。清朝嘉慶年間春畫。

《秘戲圖考》卷上「秘書十種」當中的第二種，我們才有幸再睹此書。

《素女妙論》是何時失傳於中國的？今已不可考，但是至少在明朝神宗萬曆年間，此書仍未失傳。因為明萬曆、天啓間完成的《僧尼孽海》一書，乾集〈西天僧西番僧〉一則，有如下的一段話：

> 元順帝時，哈麻常陰進西天僧，以運氣術媚帝，帝習為之，號「演揲兒法」，華言大喜樂也，哈麻之妹婿集賢學士禿魯帖木兒……亦薦西番僧伽璘真於帝，伽璘真善秘密法……曰「演揲兒」、「秘密法」，皆房中術也。帝日從事於其法，乃廣取民間十五歲以上、二十歲以下婦女，恣肆淫戲，號為「採補抽添」，其勢甚多，略舉其九：第一曰龍飛勢，女子仰睡，男子伏其腹上，據股含舌，女子疊起陰物，受男子玉莖……。第二虎行勢……。第三猿搏勢……。第四蟬附勢……。第五龜騰勢……。第六鳳翔勢……。第七兔吮勢……。第八魚游勢……。第九鶴交勢……（內容略）。

10-7　九法之七「兔吮毫」：男仰臥，女反跨坐其上，像兔吮其毫。明朝萬曆年間春畫。

10-8　九法之八「魚接鱗」：男仰臥，女正跨坐其上，像游魚囁物。清朝乾隆年間春畫。

可見《僧尼孽海》一書的作者是根據《元史》和《素女妙論》創作了這篇〈西天僧西番僧〉，大概在明朝末年萬曆、天啓之時，《素女妙論》仍未失傳，中國還有人熟知「素女九勢」的具體內容，而這九個性姿勢若追根究底，可以上溯到久已失傳的西漢房術書《玄女經》。

《僧尼孽海》和《素女妙論》一樣在中國失傳了，大概是明末清初之際失傳的，此後整個清朝都不見有人提及《素女經》或《玄女經》，也無人提起《素女妙論》或《僧尼孽海》，連清代禁燬書目中都沒提過，可見它們在中國是完全失傳了。後來台灣大英百科公司出版《思無邪匯寶》第二十四冊中的《僧尼孽海》，仍舊是根據日本佐伯文庫所藏明刊本，和另外兩個日本的手抄本重新排印，才使此書又普及於世。

綜上所述，「玄女九法」自西漢問世後，一直流傳到明朝末年，但已改稱「素女九勢」，九法的名稱大致相同，但西漢時一男一女的「魚接鱗」，到了《素女妙論》和《僧尼孽海》中，變成了二女一男玩3P的「魚唼勢」，關於此點，本書正文中已加以詳述。

「玄女九法」是漢朝人的說法，「素女九勢」是明朝人的說法，由於現今可見的《素女經》、《玄女經》都是抄自日本的《醫心方》引文，是輯集的殘本，我們不知道當初漢朝的《素女經》上頭有沒有「九法」，但是明朝人編撰《素女妙論》，把這九法歸於素女的創見，或許另有所本，而且素女之名大過玄女，《素女經》人盡皆知，所以本書還是以「素女九法」爲題。

◆◆◆

以下再專論「素女九法」。

九法或九勢是指九種性交的姿勢，但爲什麼是九而不是八或十？

前引湖南長沙馬王堆三號漢墓出土的先秦房術書《合陰陽》第三章，講述了十種性交體位，稱爲「十節」：虎游、蟬柎（附）、斥（尺）蠖、囷（麕）桷（角）、蝗磔、爰（猨）據、瞻（蟾）諸、兔鶩、青（蜻）令（蛉）和魚嘬。

一樣是談性愛姿勢、一樣是以動物爲名，以模仿動物的動作來做愛，由十種減爲九種，是不是退步呢？

不然。

《素問三部九候論》說得好：「天地之至數，始於一，終於九焉。」九代表「最多」的意思，表示數說不盡；性姿勢哪限於十種呢？《洞玄子》有「卅法」、《江戶四十八手》有四十八式，都不足以概括全部，還不如以「九法」舉其大要，以示變化無窮，這和上古時流行說九，如九州、九刑、九官、九章等等是一脈相承的。所以由先秦的「十節」演變到漢朝的「九法」是一種進步。

如果把性姿勢區分爲前入位（面對面交合）和後入位兩大類，則九法中有三法（虎步、蟬附、兔吮毫）屬後入位；如果把性姿勢區分爲男上位和女上位兩大類，則九法中有三法（兔吮毫、魚接鱗、鶴交頸）屬於女上位；基本上，九法還是偏重於男在上的前入位。

九法中沒有側進位和立交兩類，也沒有後世流行的口交、手交、乳交、足交和肛交等花樣，說明了它還是很樸實原始的性姿勢指南。

若從文字和圖片資料顯示，「素女九法」的流行程度依序爲：龍翻、虎步、魚接鱗、猿搏、

10-9 九法之九「鶴交頸」：男女相向坐，擁抱而交，像雙鶴交頸。清朝中葉春畫。

鳳翔、鶴交頸、龜騰、蟬附和兔吮毫，最後三種出現於圖文資料的頻率還不及前六種的五分之一甚或十分之一。中國人爲什麼偏好某幾種性姿勢，對另外幾個姿勢卻興趣缺缺？是值得探討的有趣課題，本書各篇亦有詳論。

健身操在古代中國稱爲「導引」，像「十八羅漢拳」共有「朝天直舉」、「排山運掌」、「黑虎伸腰」、「鷹翼舒展」……等九式，彼此連貫組合成一套練習的拳法；《素女經》就曾說：「玉莖不動，則辟死其舍，所以常行以當導引也」，可見「素女九法」是一種房中導引術。

既然是房中導引術，能否像「十八羅漢拳」那樣連貫成一套流暢的床上運動呢？當然可以，而且很可能在古時候就是如此傳授的，只不過隨著《素女經》的佚亡，這套九式房中術也就失傳了。「素女九法」的起勢爲龍翻，終止於蟬附，九個動作的順序如下：龍翻→鳳翔→猿搏→龜騰→鶴交頸→魚接鱗→兔吮毫→虎步→蟬附。

詳細解釋爲：開始做愛時，女仰臥、男俯臥壓上去，以八淺二深的方式抽送（龍翻）；而後女雙腿高舉、男改跪姿，兩手據床而深搗二十四下（鳳翔）；女子雙腿舉累了，自然會放下來搭在男性的兩肩或雙臂上，男子用肩臂扛起仰躺子女的雙腿，把她屁股略略抬高，以九淺五深之法抽送（猿搏）；而後男子把肩臂上女子的雙腿向前推舉，使她的大腿壓到乳房，讓屁股抬得更高而牝戶大張，恣意深淺進出（龜騰）；一番衝刺後，男人聳腰挺股覺得乏累了，便拉女子坐起，讓她跨坐在自己跪坐的大腿上，男抱女股，女摟男頸，由女子主動搖臀吐納（鶴交頸）；男子跪久了不舒服，把兩腿放平併攏，往後仰躺，讓女的跨坐著前後磨聳（魚接鱗）；女子跨坐獨搖一陣子後，慢慢轉身成背朝男子，兩手據床、上下搖股，低頭觀賞出入之勢（兔吮毫）；男子歇夠了，不甘一直被動，便坐起上身，從女子背後摟住其腰，慢慢屈腿跪著，讓女子前俯伏跪於床，改成男陽從女股後進出，深搗四十下（虎步）；最後男子把女子朝前推壓，讓她俯臥在床，男子跟著壓上去，趴在女子背上，深搗七十二下（蟬附）。

由龍翻而蟬附的九個姿勢變化是流暢自然的，變換姿勢時，男女性具始終膠合爲一，絕無冷場，如果完成整套「素女九法」，男子還不肯善罷甘休、棄甲曳兵，可以反其道而行，再由蟬附而虎步而兔吮毫而魚接鱗而鶴交頸而龜騰而猿搏而鳳翔而止於龍翻。如此周而復始，直至射精爲止。

這只是九法的一種組合，你當然也可以從九法中挑幾種你最喜愛的姿勢，組合成自己獨創的一套招式。如掌控慾較強的男子，可以始於龍翻而猿搏而龜騰而鶴交頸而龜騰再止於龍翻；有SM癖好在面對較害羞被動的女性時，可以始於蟬附而虎步而兔吮毫而魚接鱗而猿搏再止於龍翻；比較喜歡採取主動的女性，可以始於魚接鱗而鶴交頸再魚接鱗再鶴交頸而鳳翔而猿搏而止於龜騰。

看過本書，了解了每個姿勢的特點和使用時機，你就能發揮創意，輕鬆編組出幾套你滿意、他開心的房中導引術來。

作者簡介

殷登國，筆名商都，一九五〇年生於台北，祖籍江蘇揚州，臺大歷史系藝術史研究所畢業。曾任台視文化公司編輯，閒暇從事筆耕，有著作五十餘種。一九九七年移居加拿大，目前致力於情色文學創作與性風俗之研究，於國內雜誌之專欄定期發表。

由於興趣和學養，對中國歷史、民俗、古典文學和繪畫藝術都有深入之研究，挾此優勢來闡釋「素女九法」，自屬游刃有餘而獨具特色，放眼古今中外，不作第二人想矣。

國家圖書館出版品預行編目資料

素女九法 / 殷登國作. --初版. --臺北市：大辣出版：大塊文化發行, 2007.08
面； 公分. --（dala sex：17）ISBN：978-986-83558-0-4（精裝）
1.性知識 429.1 96012871

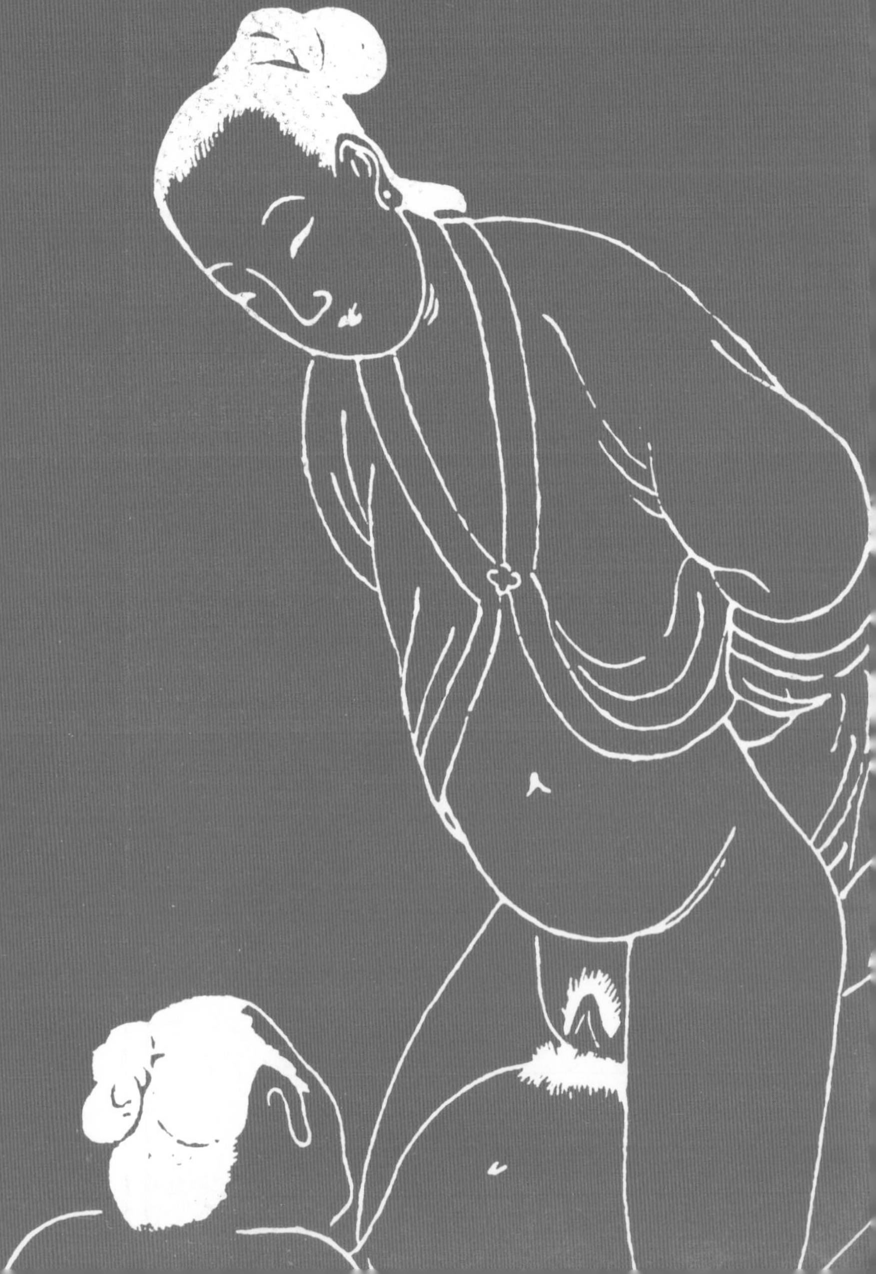